有效数学教学探索与实践

张进泽　吕　桥　彭伟健◎著

U0201305

吉林出版集团股份有限公司
全国百佳图书出版单位

图书在版编目（CIP）数据

有效数学教学探索与实践 / 张进泽，吕桥，彭伟健
著. -- 长春：吉林出版集团股份有限公司，2023.3
　　ISBN 978-7-5731-3122-5

　　Ⅰ.①有… Ⅱ.①张… ②吕… ③彭… Ⅲ.①数学教
学—教学研究—高等职业教育 Ⅳ.①O1-42

　　中国国家版本馆CIP数据核字(2023)第091991号

有效数学教学探索与实践

YOUXIAO SHUXUE JIAOXUE TANSUO YU SHIJIAN

著　　者　张进泽 吕　桥 彭伟健
出 版 人　吴　强
责任编辑　蔡宏浩
开　　本　787 mm × 1092 mm　1/16
印　　张　6
字　　数　100千字
版　　次　2023年3月第1版
印　　次　2023年8月第1次印刷

出　　版　吉林出版集团股份有限公司
发　　行　吉林音像出版社有限责任公司
　　　　　（吉林省长春市南关区福祉大路5788号）
电　　话　0431-81629679
印　　刷　吉林省信诚印刷有限公司

ISBN 978-7-5731-3122-5　定　价　55.00元

PREFACE 前　言

　　数学课程是高等职业院校课程结构体系中的一门公共基础课程，是高职教育体系的重要组成部分。当今大多数学课堂仍然沿用传统的讲授教学模式，教师在课堂上占主导地位，学生不能积极参与课堂教学活动，学生的主体地位没有发挥出来。教学内容的选取侧重理论知识的系统性和完整性，主要选取定理证明、公式计算，没有与专业知识和专业问题融合，不能使高职数学更好地服务于专业培养目标。高职数学教育最终应该落实到培养学生的能力和素质上，强基础、提能力、增素质已成为目前高职院校数学教学改革的总体趋势。

　　作为职业技术教育的领航者，高职教育的目标在于为社会第一线培养并输送技能型、实用型的人才。尽管职业教育的教师们在积极推行数学教学的改革取得的成绩已经很可观，但依然存在一些不足。因此，高职教育者应该在高职教育培养目标和素质教育的大背景下积极改变传统教学方式，实时更新思想观念，主要从教学内容、教学方式和考核手段等方面进行高职数学课堂改革的探索与实践。

　　本书首先阐释有效教学，分析了有效数学教学要素、有效数学思想与方法、有效数学教学模式的运用；然后对有效数学课程的定位进行了详细论述，重点讲述了有效数学反思性教学和教学模式创新；最后探讨教师职业能力竞赛对数学教师有效教学的推进。

　　本书结构完整，希望本书能为高职院校数学教学改革提供一些新思路。由于水平有限，书中难免会有不足之处，恳请广大读者批评指正。

张进泽

2022 年 11 月

CONTENTS 目 录

第一章　有效教学概述 ··· 1

第一节　有效教学的含义和理念 ··· 1

第二节　有效教学的理念与意识 ··· 3

第三节　有效教学的策略与关注点 ······································· 4

第四节　有效教学的过程与资源 ··· 6

第二章　有效数学教学要素分析 ·· 12

第一节　有效数学教学目标 ·· 12

第二节　有效数学教学任务 ·· 18

第三节　有效数学教学对象 ·· 20

第四节　有效数学教学策略 ·· 26

第五节　有效数学教学评价 ·· 34

第三章　有效数学教学中的数学思想与方法 ······························ 40

第一节　数学思想的含义 ·· 40

第二节　数学思想在高职数学教学中的地位和作用 ························ 41

第三节　高职数学教学中的主要数学思想 ································· 42

第四章　有效数学教学模式的运用 ······································ 46

第一节　任务驱动教学模式的运用 ······································ 46

第二节　分层次教学模式的运用 ·· 49

第三节　互动教学模式的运用 ·· 52

第四节　翻转课堂教学模式的运用 ······································ 57

第五节　三合一教学模式的运用 ·· 59

第六节　探究式教学模式的运用 ·· 61

第七节　合作学习模式的运用 ·· 70

第五章　有效数学课程的定位 ………………………………………………………… 80

　第一节　学生可持续发展对数学的需求 ……………………………………………… 80

　第二节　高职数学课程在职业教育中的地位和作用 ………………………………… 81

　第三节　高职数学课程的定位与有效课堂构建 ……………………………………… 81

参考文献 ……………………………………………………………………………………… 88

第一章　有效教学概述

第一节　有效教学的含义和理念

一、有效教学的含义

有效教学的核心就是教学的效益。所谓有效，主要是指通过教师在一段时间的教学之后，学生所获得的具体的进步或发展。也就是说，学生有无进步或发展是教学是否有效的唯一指标。所谓教学，是指教师引起、维持或促进学生学习的所有行为。它的逻辑必要条件主要有三个方面。

第一，引起学生学习的意向。即教师首先需要激发学生的学习动机，教学是在学生想学的心理基础上展开的。

第二，指明学生所要达到的目标和所学的内容。即教师要让学生知道学到什么程度以及学什么。学生只有知道了自己学什么或学到什么程度，才会有意识地主动参与。

第三，采用易于学生理解的方式。即教学语言有自己的独特性。要让学生听清楚、听明白，教师需要借助一些技巧，如重复、深入浅出、抑扬顿挫等。

二、有效教学的特征

第一，让学生明确通过努力而达到目标，并且明白目标的达成对个人成长的意义。

第二，设计具有挑战性的教学任务，促使学生在更复杂的水平上理解。

第三，通过联系学生的生活实际和经验背景，帮助学生达到更复杂水平的理解。

第四，适时与挑战性的目标进行对照，对学生的学习有一个清楚的、直接的反馈。

第五，能够使学生对每个学习主题都有一个整体的认识，形成对于事物的概念框架。

第六，能够迁移并发现和提出更为复杂的问题，有进一步探究的愿望。

三、教学有效性的三重意蕴

有效的教学指教师遵循教学活动的客观规律，以尽可能少的时间、精力和物力投入取得尽可能多的教学效果，从而实践预定的教学目标，满足社会和个人的教育价值需求。具体来说，教学的有效性包括如下三重意蕴：

第一，有效果。指对教学活动结果与预期教学目标的吻合程度的评价。

第二，有效率。教学活动本身是一种精神性生产活动，沿用经济学概念，可将教学效率表述为：教学效率 = 教学产出（效果）/教学投入或教学效率 = 有效教学时间/实际教学时间 × 100%。

第三，有效益。指教学活动的收益、教学活动价值的实现。具体来说，是指教学目标与特定的社会和个人的教育需求是否吻合及吻合程度的评价。是否吻合是对教学效益的规定，吻合程度是对教学效益量的把握。

四、什么是课堂教学效率

为了理清评价课堂教学效率的指标，必须全面地考察构成效率的因素及其关系，给课堂教学效率下一个比较科学的定义。

在经济学上，效率指投入与产出的比值，可以直接用货币单位量化，直接的与间接的同时并存，因此，在研究课堂教学效率时必须考虑以下几个因素：

第一，投入方面，既要考虑时间的投入（不包括额外的负担），又要考虑师生是否全身心投入。

第二，产出方面，首先要考虑学生全面素质，其次要考虑所得的质，最后要考虑全体学生。

课堂教学效率定义是实际的教学效果与应有的教学效果的比值。实际的教学效果指每个学生实际的时间精力投入的总和所产出的知识、品德、智力及非智力因素等实际所得的总和；应有的效果指全体学生的额定时间和全身心投入所能产出的知识、技能、品德、智力及非智力因素的总和。在确定教学目标科学合理的前提下，每个学生对教学目标的实际达成度之和与全体学生应达成教学目标之和的比值。即：课堂教学效率 = 每个学生的实际目标达成度之和/全体学生的应达成目标 × 100%。

五、有效学习的基本要素

反复练习、操练式的学习过程的理论基础是行为主义心理学。现在提倡的另一种学习是探索性的、自主的、研究性的学习，它的理论基础是建构主义心理学。有效学习主要是指学生自主地、探索性地、研究性地学习，这也是要着重发展学生的学习活动。

关于有效学习可以用九个字来概括。一是经验。学习要建立在学生已有经验的基础上。经验是进行有效学习的基础，它是非常重要的。二是思考。有效学习就是激励学生勤于思考，提倡学生自主地思考。操作性学习是用记忆代替思考，记忆的负担重，而思考的负担不重。三是活动。以学生为主体的活动，活动是数学教学的基本形式。

教学设计重要的不应是教师怎么讲解，而是学生怎么活动。四是再创造。学习的过程是经历再创造的过程，而不是纯粹的模仿和纯粹的记忆。经验、思考、活动、再创造是有效学习的四个基本要素。

第二节 有效教学的理念与意识

一、有效教学包含的主要理念

（一）有效教学关注学生的进步与发展

首先，要求教师有对象意识。教师必须确立学生的主体地位，树立一切为了学生的发展的思想。其次，要求教师有全人的概念。学生的发展是全人的发展，而不是某一方面（如智育）或某一学科的发展。教师应把自己所教学科的价值定位在对一个完整的人的发展上。

（二）有效教学关注教学效益，要求教师有时间与效益的观念

教师在教学时既不能跟着感觉走，又不能简单地把效益理解为花最少的时间教最多的内容。教学效益不同于生产效益，它不是取决于教师教多少内容，而是取决于对单位时间内学生的学习结果与学习过程综合考虑的结果。

（三）有效教学更多地关注可测性或量化

如教学目标尽可能明确与具体，以便于检验教师的工作效益。有效教学既要反对拒绝量化，又要反对过于量化。应该科学地对待定量与定性、过程与结果的结合，全面地反映学生的学业成就与教师的工作表现。

（四）有效教学也是一套策略

所谓策略，就是指教师为实现教学目标或教学意图而采用的一系列具体的问题解决行为方式。具体地说，按教学活动的进程把教学分成准备、实施与评价三个阶段，每个阶段都有一系列的策略。有效教学需要教师掌握有关的策略性的知识，以便于自己面对具体的情境做出决策。

二、教学行为中的效率意识

有必要理清以下观念，在具体的教学行为中体现效率意识：

第一，要正确理解教学的投入与产出的关系。如果能在投入不变甚至投入减少的情况下能提高产生，就达到了提高效率的目的。

第二，要正确认识提高课堂教学效率同减轻学生负担的关系。高效率的教学，如

愉快教学、成功教学、创造教学都以调动学生的主体积极性为突破口，使其乐学，轻松地学。教师对其健康成长负有重要责任，要抓住关键期，引向最近发展区，为未来的全面发展奠定基础。教学的发展性目标就是要培养学生跳一跳摘果子的能力，发展知识与技能。

第三，要正确认识到使用现代化设备作为课堂教学手段与传统的教学手段的结合。随着现代科技进步与经济发展，现代化设备作为提高课堂教学效率的硬件设施，发挥了人力不可替代的作用，但是提高教学效率并不是意味着一定要以先进的现代化教学手段为前提。

学校教育的主阵地是课堂教学，学生主要的学习活动大多集中在课堂上，高效率的课堂教学有两个基点：学生的有意义学习和教师实施异步教学。因此，提高课堂教学效率说到底就是要使教学回归主体、发展主体。

第三节　有效教学的策略与关注点

一、有效教学策略的构成

有效的教学策略是通过以下策略来引导学生进行有效学习的。这种策略分为两个部分。

（一）准备策略

准备策略就是怎样备课。教师应该从学生学习活动的角度来备课。一堂课有哪几项活动，怎样安排，在活动过程中教师怎样指导，怎样与学生互动，在活动中怎样进行评估和调控等，应该是教师着重考虑的问题。

（二）评估策略

评估策略包括对学生的评估和对课堂教学的评估。对学生的评估可以引进质的评估的方法，记录学生的各种进步，反映学生参与课堂教学的过程和学生解决问题的思考过程。

以上各种策略的目的是引起学生的有效学习，也就是所说的有效教学的策略。教师应用有效教学策略的过程实际上是一个创造性的、研究的过程，也是教师自身发展的最好的、基本的渠道。

二、有效教学策略的内容

第一，为学生创设真实的学习情境。
第二，激活学生已有的知识积淀。
第三，引发学生的认知冲突。

第四，鼓励学生学业求助的行为。

第五，以学生学习的真实的认知过程为基础展开教学。

第六，引导学生充分展开高层次的思维过程。有条理地思考、有根据地思考、批判性地思考、反省性地思考、彻底地思考。思维的品质：流畅性、原创性、独到性、深刻性、敏捷性、精进性。

第七，为学生创造充分展开课堂交互活动的机会。学生的想法之间要有实质性的碰撞和争鸣，在教师的引导下，自然达成共识，实现知识建构。

第八，促使学生达成对知识的深层理解和灵活应用。在不同的情境下应用知识、用自己的话解释、解变式题及解相关问题、解综合问题和实际问题。

第九，建立积极的课堂环境，使学生有情绪上的安全感，建立一个温暖的、学生彼此接纳的、相互欣赏的学习场所。

第十，使教学生动有趣，并与学生的生活相联系。

第十一，帮助学生树立学习的自信心，乐于给予学生需要或渴望的额外帮助。

第十二，以某种建设性、乐于激励的方式给予学生快速、准确、详实的反馈，引导学生改进学习计划。

第十三，使学生感到自己有价值、与他人有联系和被尊重。

第十四，培养学生的选择能力和履行责任的能力。

第十五，鼓励和接纳学生自治权、主动性，和学生一起商讨课堂规范。

第十六，鼓励学生提出有深度、开放性的问题，并且鼓励学生相互回答。

三、有效教学的关注点

（一）关注学生的学习

有效教学本质上取决于教师建立能够实现预期教育成果的学习经验的能力，而每个学生都参与教学活动是实施有效教学的前提。

很多心理学家就学生学习的心理状况问题开展研究，揭示了许多与学习本身和促进学习有关的心理概念、规律和过程。

有学者阐明了学习的性质、有效学习的条件以及它们的教育含义，还提出了一个以学习条件分析为基础的教学论新体系，从四个方面对有效教学做了探讨。这四个方面分别是教学目标、教学过程、教学方法以及教学结果的测量与评价。在此基础上，提出了一整套有效教学设计的原理与技术，学生的学习是学生参与教育经验而产生的行为变化。

任何学科的基本原理都可以用某种正确的方式教给任何年龄阶段的任何学生。这种学习方法要学生像科学家那样去思考，去探索未知，最终达到对所学知识的理解和掌握。学习的内容不是给予的，学生必须亲自发现它，并内化到自己的认知结构中。

广泛应用发现法，要求教师在教学中尽可能保留一些使人兴奋的观念，同时引导学生自己去发现它。

学习分为有意义学习和机械学习；按照学习所进行的方式，把学习分为接受学习与发现学习。有意义学习既包括有意义的发现学习，也包括有意义的接受学习。学习的实质在于学生能在学习新知识时，与自己原有的认知结构之间建立起实质性的和非人为的联系。学生原有的认知结构要和所学习的有意义材料的结构结合起来。

无论怎样，这时候的研究已经把注意力从教师的身上移向学生以及学生的学习上。

（二）关注交往与沟通

教学的一个中心任务是产生新知识、新技能以及概念性框架。师生之间的交往被视为影响教学有效性的一个关键因素，良好的教学效果取决于师生间良好的交往。社会文化理论和活动理论也扩展了教与学的定义，以强调教与学的社会、语言、文化环境。在这些理论中，学习是一种主动的、合作的建构过程，存在于教师与学生的互动之中，存在于教室的社会结构之中，存在于学校的更大的机构之中。

交往与沟通永远都是教学的核心，但是，教师面临的两难境地就是如何选择教学策略以便使学生学得更好，与此同时，教师还要能够完成课程标准所规定的教学任务。

（三）关注教师的教学策略和学生的学习策略

从学生的角度出发，关注学生的学习策略。人们普遍认为，相对于听、说、读、写、算的基本技能来说，高层次的学习策略，如解决问题的策略、选择方法的策略、元认知策略、合作学习的策略、科学利用时间的策略、原理学习的策略等更能提高学生学习的有效性。从教师的角度出发，越来越多的人发现，仅仅掌握零碎的教学技能是难以从整体上把握教学的有效性的，必须将具体的方法、技巧上升为策略。

第四节　有效教学的过程与资源

按照目标管理的教学流程，有效教学的过程划分为三个阶段：教学的准备、教学的实施和教学的评价，并据此来划分教师在处理每一阶段的过程中所表现出来的种种具体的问题解决行为方式。

一、教学的准备

（一）教学准备策略和课堂教学目标的四要素

教学准备策略主要是指教师在课堂教学前所要处理的问题解决行为，也就是教师在编写教学方案（如教案）时所要做的工作。它主要涉及形成教学方案所要解决的问题。具体说来，教师在准备教学时，必须要解决下列这些问题：教学目标的确定与叙写、教学材料的处理与准备（包括课程资源的开发与利用）、主要教学行为的选择、教学组织形式的编制以及教学方案的形成等。

课堂教学叙写的是目标，而不是目的。教学目标是教师专业活动的灵魂，也是每堂课的方向，是判断教学是否有效的直接依据。

（二）有效教学不是教学准备的计划贯彻

教学准备后的实施不是贯彻计划，而是要根据课堂情境进行调整。导致调整的最重要的因素就是课堂上学生的反应。教案毕竟是带有主观性的设计蓝图，实施时的灵活性非常重要，新教师与专家教师的差别往往也就在于此。

二、教学的实施

教学实施策略主要是指教师为实施上述的教学方案而发生在课堂内外的一系列行为。一般说来，教师在课堂里发生的行为按功能来划分主要有两个方面：管理行为与教学行为。课堂管理行为是为教学的顺利进行创造条件和确保单位时间的效益；而课堂教学行为又可以分为两种：一种是直接指向目标和内容的，事先可以做好准备的行为，这种行为称之为主要教学行为；而另一种行为直接指向具体的学生和教学情境，许多时候都是难以预料的偶发事件，因而事先很难或根本不可能做好准备，这种行为称之为辅助教学行为。课堂教学实施行为分为主要教学行为、辅助教学行为与课堂管理行为三类。

三、有效教学的评价

（一）有效教学的标准

有效教学有五个标准：

第一，师生共同参与创造性活动，以促进学习。

第二，语言发展。通过课程发展学生的语言，提高学生的素质。

第三，学习背景化。把教学与学生的真实生活联系起来，以此创造学习的意义。

第四，挑战性的活动。教给学生复杂的思维技能，通过思维挑战发展学生的认知技能。

第五，教学对话。通过对话进行教学。

（二）教学评价策略的理念和技术

第一，教学评价策略，主要是指对课堂教学活动过程与结果做出的系列的价值判断行为。评价行为贯穿整个教学活动的始终，而不只是在教学活动之后。教学评价策略主要涉及学生学业成就的评价与教师教学专业活动的评价。

①评价的指导思想是为了创造适合学生的教育，而考试与测验是为了选择适合教育的学生。

②评价的对象和范围突破了学习结果评价的单一范畴。

③评价在方法和技术上，是发展到定量分析和定性分析相结合。

④评价重视受评人的积极参与及其自我评价的地位和作用。

⑤评价更加重视对评价本身的再评价，使得评价是一种开放的、持续的行为，以确保评价自身的不断完善。

第二，教师课堂行为的评价，特别是学生对教师的评价是非常普遍的事情。这里面主要有两方面的问题：一是观念与认识问题，如学生观、评价观、感情观等；二是技术问题，要使学生评价达到一定的信度与效度，必须处理好以下技术问题。

①必须明确本校教学过程中主要存在哪些问题，并针对这些问题设计评价指标。

②评价指标控制在 10 ~ 15 个，而且必须具体、明确，学生根据自己的体会就能做出判断。

③尽可能收集定量与定性两方面的信息。

④指标的产生尽可能广泛听取本校教师和学生的意见。

⑤开学初就应把评价表发给每位教师，并告诉教师在期末将由学生从这些方面来评价教师的教学，便于教师学会自我管理。

⑥尽可能每次让一个学生同时评价 5 门或更多门学科的教师。这样每班随机取样 15 名即可，以避免个别班主任集体造假。

⑦所有量表都有一定的风险，统计结果的处理需要谨慎。

如果这些问题得到合理的解决，学生评价教师的科学性就可以得到保障。经过研究，在学校采用学生评价教师制度可以促进学校管理的校本化和民主化，有助于树立正确的学生观和教育观，有利于改善学校的人际关系，有利于教师的专业成长，也有利于改善学生在学校时的心理环境。

四、有效教学过程的进一步研究

（一）有效备课的三个要素

备课需要考虑多方面的因素，但要素大体只有三个：学生、学科内容（及其结构）、教学目标（及其教学方法）。

1. 学生

有效教学的关键在于能够了解学生的需要以及不同学生之间的差异。更重要的是，学生需要和差异往往并不限于知识水平，而在于求知热情。

2. 学科内容及其结构

教什么内容看起来比较容易，因为教科书、练习册和课程纲要中已经详细地指定了。教师的责任是根据学生的实际水平和情绪状态对这些教材进行再度开发。

3. 教学目标及其教学方法

有效教学的关键在于教师所提出的目标能够不至于因太抽象而令学生无动于衷；又不至于因太具体琐碎而令学生不得要领。教学目标设定之后，教师需要大致确定用何种教学方法来实现这些预定的目标。有效的课时计划不仅要考虑具体的教学方法的使用，而且要考虑方法组合模式的灵活运用。

（二）有效指导

从有效教学过程来看，有效教学意味着教师能够有效指导，包括有效讲授并促进学生主动学习，也包括有效提问并有效倾听。

1. 有效讲授

有效讲授是任何课堂教学必不可少的，即使是以学生自主学习的课堂活动中，教师讲授也是必需的。教师清晰有效的讲授可以在师生互动中点拨、引领、启发、强化，起到画龙点睛的作用。

教师讲授要考虑的一个重要方面就是要关注教学过程中的关键事件。可以参考教学事件，包括创设情境以便吸引学生的注意；选择灵活多样的教学方法以便促进学生有效学习；提供鼓励性的即时反馈以便让学生看到自己的成长和进步。

2. 有效提问

有效提问意味着教师所提出的问题能够引起学生的回应或回答，且这种回应或回答能让学生更积极地参与学习过程。那么，什么样的提问才是有效的呢？

第一，使问题具有一定的开放性。

第二，使问题保持一定的难度。问题可分为记忆型、理解型和应用型。

3. 有效倾听

真正有效的提问是倾听。学生一旦主动学习，教师的责任就由讲授、提问转换为倾听。善于倾听的教师总是能够将学生的声音转化为有效教学的资源。

第一，让所有学生都参与提问和对提问的回应。

第二，让学生感到教师在倾听。教师需要容忍不同，给予知识上和情感上的鼓励。必要时，教师需要追问、补充和赏识学生的回答，这会让学生感觉教师一直在关注问题的回答进展。

有效倾听是自然而然地将学生的回应转化为教学的资源。在这种倾听的环境中，学生成为重要的课程资源。学生的回答应该成为教师进一步追问、引导的起点和阶梯。真正有效的教学意味着教师善于倾听学生的声音，开发并转化学生的观点，引发更复杂的回答，这样会自然而然地激励学生积极参与。

（三）有效的课堂管理

有效的课堂管理计划的六种属性：

第一，在所有课堂教学的参与者中间营造良好的人际关系。

第二，防止注意力分散的逃避工作的行为。

第三，一旦出现不规范行为，迅速加以改正。

第四，对于顽固而又长期复发的不规范行为，采用具有连贯性的简单策略来进行制止。

第五，传授自我控制。

第六，尊重文化差异。

（四）促成有效教学的五种关键行为

促成有效教学的关键行为有五种：

第一，清晰授课，是指教师向全班呈现内容时清晰程度如何。

第二，多样化教学，是指多样地或者灵活地呈现课时内容。

第三，任务导向，是指把多少课堂时间用于教授教学任务规定的学术性学科。

第四，引导学生投入学习过程。这个关键行为致力于增加学生学习学术性科目的时间。教师的任务导向应该为学生提供更多的机会去学习那些将要评估的材料。

第五，确保学生成功率是指学生理解和准确完成练习的比率。

五、有效教学的资源

（一）有效教学资源的含义

教学的基本要素大体有三：一是学生；二是教师；三是课程资源（或称之为教学资源、教学内容）。课程资源是有效教学的理想能否兑现为课堂教学实践的关键因素。课程资源既包括课程物质资源，也包括课程人力资源。

（二）教材的再度开发

教材包括课本（或教科书）以及相关的教辅材料，比如与教材配套的教师参考用书、教学挂图、教学仪器设备、学生练习册、练习本等。

有效教学的基本前提是为学生提供有结构的教材。备教材是教师备课的一部分。所谓备教材，主要是指对教材进行再度开发。教师的责任是通过对教材的再度开发来保证学生所接触的教材是安全而有教育意义的。

教师在对教材进行加工和改造时，有时需要为学生留出一定的空间，让学生自己亲自在原始性的资源背景中寻找有价值的主题。

（三）课程人力资源的开发

课程物质资源自然是重要的。但是，当课程物质资源开发到一定程度，尤其对于那些物质条件已经饱和或物质条件已经限定的学校来说，起决定作用的往往是课程人力资源。只有当教师和学生的生活经验、实践智慧、人格魅力、问题与困惑、情感与态度、价值观等课程人力资源真实地进入课堂教学的时候，才可能实现有效教学的追求。

六、反思教学：教师参与课程资源开发

从有效教学的基本方向尤其是隐性学习、体验学习和热情求知来看，真正的有效教师至少应该是一个课程资源的开发者。教师的基本使命是为学生的体验学习提供足够而有教育价值的课程资源。

教师能否成为课程资源的开发者，取决于教师是否能够由经验教学转向反思教学，是否能够由经验教师走向反思教师或者反思性实践者。教师只有成为反思性实践者，不断反思自己的教学行为和教学理念，才能不断开发和生成有价值的课程资源，实现有效教学。

第二章　有效数学教学要素分析

第一节　有效数学教学目标

科学合理地确定教学目标是进行课堂教学设计时必须正确处理的首要问题。明确具体的教学目标对教的方式以及学的方式起着决定和制约作用。教学目标是教学双方活动的准绳，更是衡量教学质量的尺度。

一、教学目标及其功能

制定教学目标是数学课堂教学设计的第一步。这里说的教学目标，是指在课堂教学活动中由一课时或多个课时构成的教学课题目标，是预期的学生数学学习结果。

数学教学目标在教学中有三个功能：导学、导教、导评价。

（一）指导教学方法、技术、媒体的选择与运用

教学目标一旦确定，教师就可以根据教学目标确定学习的类型和同一类型所处的学习阶段，然后根据学习理论选用适当的教学方法和技术。有研究表明，讲解法适合于传递信息，讨论法适合于改变人的观念。如果教学目标侧重知识或结果，则宜于选择接受学习，与之相应的教学方法是讲授法。如果教学目标侧重过程或探索知识的经验，则宜于选择发现学习，与之相应的教学方法是教师指导下的发现探究。离开了教学目标，很难比较教学方法的优劣。

（二）指导学习结果的测量与评价

一节课、一个教学课题或一个教学单元结束后，教师要自编测验题测量教学效果；教师或学校领导听课，一般要对所听的课做出评价。评价有许多标准，如教师的思维是否清晰、学生参与的程度以及现代教育技术应用的情况等。但唯一最可靠和最客观的标准是教学目标是否达到。教学结果的测量必须是针对目标的测量。如果试卷上的测试题没有针对目标，则测验缺乏效度。

（三）指导学生学习

学生的学习一般是有目标指导的学习。上课一开始，教师清晰地告诉学生学习的目标，掌握哪些技能，会做什么事，会分析、解答什么问题。目标能引起学生的注意，

能使他们把注意集中在要掌握的目标上，养成按时完成学习任务的习惯，养成学习的自觉性。目标导向的教学测量和评价也会给学生提供他们应如何学习的重要信息。

当下，某些学校应用的目标教学法就是将一节课的教学过程分解为课堂导入、展示教学目标、遵循教学目标教学、目标测评等几个环节，并根据这些环节组织实施教学。运用目标教学法能使教师的教和学生的学有一个统一明确的要求。教师以教学目标为导向，在整个教学过程中围绕教学目标展开一系列教学活动，并以此来激发学生的学习兴趣与积极性，激励学生为实现教学目标而努力学习，使学生学有目标，在教师的引导下真正成为学习的主人，充分发挥他们的主体作用。与其他教学法相比，目标教学法更注重教学过程以及教学效果。由此可见，目标教学法是一种以教师为主导、以学生为主体、以教学目标为主线的教学方法。

二、教学目标的分类

（一）认知领域目标分类

认知领域教育目标根据学生掌握知识的深度，由低级到高级分为知识、领会、运用、分析、综合和评价六级水平。

1. 知识

知识，指对先前学习的材料的记忆。

2. 领会

领会，指能把握材料的意义。要求问题情境与原先学习的情境有适当变化。例如，教师可以用自己的话重述导数的定义，或会求较简单的函数如一次函数、二次函数在某点的导数等。

3. 运用

运用，指能将习得的材料应用于新环境，主要指概念和原理理解的运用。

4. 分析

分析，指单一概念和原理的运用。要求综合运用若干概念和原理，能分析材料结构成分并理解其组织结构。

5. 综合

综合，指能将部分组成新的整体，需要利用已有概念和规则产生新的思维产品。如已知内、外函数导数的基础上，能推导出复合函数求导公式，综合应用求导公式等。

6. 评价

评价，指依据准则和标准对材料做出判断，是最高水平的认知学习结果。如能认识到求导方法或微分的方法是通过函数局部性质来认识整体、通过近似来认识精确、通过直线认识曲线的基本的方法。

（二）情感领域的目标分类

人的情感是学校教育的一个重要组成部分，但是，人的情感反应更多地表现为一种心理内部过程，具有一定的内隐性。所以，情感领域的学习目标不易设计。

1. 接受

接受，是情感的起点，指学生愿意注意特殊的现象或刺激。例如，认真听课、看书、看课件等。从教的方面来看，其任务是指引起和维持学生的注意。学习结果包括从意识到事物存在，注意到学生的选择性注意。

2. 反应

反应，指学生主动参与。处于这一水平的学生不仅注意某种现象，而且以某种方式对它做出反应。例如，参加小组讨论、回答问题、完成教师布置的作业等。这类目标与兴趣类似，强调特殊活动的选择与满足。

3. 评价

评价，指学生将特殊的对象、现象或行为与一定的价值标准相联系，包括接受某种价值标准，偏爱某种价值标准和为某种价值标准做奉献。这一阶段的学习结果所涉及的行为的一致性和稳定性使得这种价值标准清晰可辨。

4. 组织

组织，指学生遇到各种价值观念时，将价值观念组织成一个系统，对各种价值观加以比较，确定它们之间的相互关系和重要性，接受自己认为重要的价值观，形成个人的价值观念体系。

5. 个性化

个性化，是情感教育的最高境界，是内化了的价值体系变成了学生的性格特征。达到这一阶段后，行为是一致的和可预测的。例如，良好的学习习惯、谦虚的态度、乐于助人的精神等。

情感教学是一个价值标准不断内化的过程。外在的价值标准要变成学生内在的价值必须经历接受、反应、评价、组织等连续内化的过程。

（三）动作技能领域目标分类

1. 直觉

直觉，指运用感官获得信息以指导动作。例如，学生在课堂上，看教师在黑板上示范用描点法画反比例函数的图像：列表、描点、连线。

2. 定向

定向，指对稳定的活动的准备，包括心理定向、生理定向和情绪准备。例如，学生看到教师画图像，也就想着画函数图像。

3. 有指导的反应

有指导的反应，指复杂动作技能学习的早期阶段，包括模仿和尝试错误。例如，学生在教师的指导下，开始学习：列表、描点、连线，画出反比例函数的图像。

4. 机械学习

机械学习，指学生的反应已成为习惯，能以某种熟练和自信完成动作。学生能够独立画出反比例函数的图像。

5. 复杂的外显反应

复杂的外显反应，指包含复杂动作模式的熟练动作操作。操作的熟练性以迅速、精确和轻松为指标。学生能快速地描出几个特殊点，画出反比例函数的图像，函数的基本性质（单调性、对称性、渐近线等）。

6. 适应

适应，指技能的高度发展水平，学生能修正自己的动作模式以适应工具条件或满足具体情境的需要。学生能根据给出的反比例函数与工具，画函数图像。

7. 创新

创新，指创造新的动作模式以适合具体情境，强调以高度发展的技能为基础的创新能力。

指导教学目标设计与陈述的另一种分类系统是学习结果分类。由于教学目标是预期的学生学习结果，所以教学目标与学习结果是指同一件事。

在认知领域的目标是指导教学结果的测量和评价的。目标分类设计若干概念的综合运用，更适用于较大的教学单元的目标设置，小范围的教学目标容易造成重复。学生习得的认知能力除了言语信息之外，就是智慧技能和认知策略。智慧技能的本质是习得的概念和原理的运用。认知策略的本质是指导人们如何进行学习、思维和记忆的规则的运用。对于学生自发形成的认知策略可以用内隐知识来解释，这样人们就不必在广义的知识之外去寻求不可捉摸的能力发展了。

层级分类将教学目标分三个层级。

第一层级，主成分以记忆因素为主要标志，培养的是以记忆为主的基本能力，目标测试应当看基本事实、方法的记忆水平，标准是获得的知识量以及掌握的准确性。

第二层级，主成分以理解因素为主要标志，培养的是以理解为主的基本能力，目标测试看能否会解决常规性、通用性问题，包括能否满意地解决综合性问题。这里，解决问题的前提是理解，是对知识的实质性领会以及经过自己的检验因而具有广泛迁移性的领会。标准是运用知识的水平，如正确性、灵活性、敏捷性、深刻性等。

第三层级，以探究因素为主要标志，培养的是以评判为主的基本能力，目标测试看能否对解决问题的过程进行反思，即检验过程的正确性、合理性及其优劣。标准是思维的深刻性、批判性、全面性、独创性。

三、教学目标的陈述

为了使目标更加具体、实用，应当结合当前的教学内容陈述教学目标，阐述清楚经过教学，学生将会有哪些变化，会做哪些以前不会做的事，以使目标成为有效教学的依据，防止教学中的见木不见林，同时为检查学习效果提供依据。

（一）教学目标陈述方法

1. 行为目标陈述法

行为目标指用可观察和可测量的行为陈述目标。写得好的行为目标具有三个要素，分别为：说明通过教学后，学生能做什么（或说什么）；规定学生行为产生的条件；规定符合要求的作业标准。用教学目标陈述方法来编写教学目标就使教学目标具体而明确，具有可观察性、可测量性。

行为目标陈述法避免了用传统方法陈述目标的含糊性，但它只强调了行为结果而未注意内在的心理过程，容易使教师只注意学生外在的行为变化，而忽视内在的能力和情感的变化。

2. 内部过程与外显行为相结合的目标陈述法

认知心理学家认为，学习的实质是内在心理的变化。因此，教育的真正目标不仅是具体的行为变化，而且是内在的能力或情感的变化。教师在陈述教学目标时，首先要明确陈述如记忆、直觉、理解、创造、欣赏、热爱、尊重等内在的心理变化。但这些内在的变化不能直接进行客观观察和测量。为了使这些内在变化可以观察和测量，还需要列举反映这些内在变化的行为样品。

3. 表现性目标

表现性目标，是指将学生的言行看成思想意识的外在表现，然后通过学生可以观察到的言行表现，间接地判断教学目标是否达到。例如，教学目标是提高数学学习兴趣，学生是否有学习兴趣不好直接测量，只能从学生数学学习的表现中观察到：课堂上认真听讲；踊跃回答问题；积极思考；愿意解决数学难题；经常与同学讨论数学问题；完成作业质量高；经常向教师请教；喜欢提出问题。但是，这种目标只能作为教学目标具体化的一种可能的补充，教师千万不能完全依赖这种目标。

（二）教学目标陈述维度

义务教育数学课程标准将义务教育阶段的课程目标划分成：知识技能、数学思考、问题解决、情感态度四个方面。而对于课堂教学目标的陈述，教师一般都从知识与技能，过程与方法，情感、态度与价值观三个维度进行设计。

1. 知识与技能

第一，这一维度指的是数学基础知识和基本技能。其内容主要包括三类。

①数学概念、数学原理（即数学定理、性质、公式、法则）、基本的数学事实、结论。这些用于回答是什么问题的陈述性知识，属于言语信息。

②设计数学概念、数学原理、基本的数学事实、结论的运用，用于回答做什么的问题的程序性知识，它属于认知技能。

③数学操作技能，它属于动作技能。

第二，知识与技能目标的要求分成三个水平。

①了解（知道与模仿），指能回忆出知识的言语信息，能辨认出知识的常见例证。这一水平的目标表述中常用的行为动词是：了解、体会、知道、识别、感知、认识、初步了解、初步体会、初步学会、初步理解。

②理解（独立操作），指能把握知识的本质属性，能与相关的知识建立联系，能举例说明知识的相关属性，能有理有据地判定知识的正例与反例。这一水平的目标表述中常用的行为动词是：描述、解释、推测、归纳、抽象、比较、运用、初步应用、初步讨论等。

③掌握（应用与迁移），指在理解的基础上，能直接把知识运用于新的情境。这一水平的目标表述中常用的行为动词是：掌握、导出、分析、推导、证明、研究、讨论、选择、决策、解决问题。

第三，按照教师的书写习惯，将知识与技能目标的四个层次界定为：

①了解：能回忆出知识的言语信息；能辨认出知识的常见例证；会举例说明知识的相关属性。

②理解：能把握知识的本质属性；能与相关知识建立联系；能区别知识的例证与反例。

③掌握：在理解的基础上，能直接把知识运用于新的情境。

④综合运用：能综合运用知识解决问题。

了解、理解、掌握都是针对某一具体数学知识而言的。综合运用则强调综合运用各种知识来解决问题。掌握是以理解为前提的单个知识的运用水平，只会套用而不理解的水平不属于掌握水平。

2. 过程与方法

这一维度指的是学习数学知识产生、发展与应用的思维过程，把握数学知识所隐含的数学思想方法，优化数学思维品质，树立数学意识，提高问题解决能力。

知识与技能目标的要求分成两个水平。

第一，经历（模仿），这一水平的目标表述中常用的行为动词是：观察、感知、操作、查阅、模仿、收集、复习、尝试等。

第二，发现（探索），这一水平的目标表述中常用的行为动词是：设计、梳理、分析、交流、探索、解决、寻求等。

3. 情感、态度与价值观

这一维度的情感指的是学生在数学学习活动过程中的比较稳定的情绪体验。数学态度是指学生的数学学习兴趣、学生对数学具体内容的态度以及对整个数学学科的态度。价值观指学生对数学的科学价值、应用价值、文化价值的看法，对数学美的看法以及辩证法上的认知等。

情感、态度与价值观目标的要求分成两个水平。

第一，反应（认同），这一水平的目标表述中常用的行为动词是：感受、认识、了解、体会等。

第二，领悟（内化），这一水平的目标表述中常用的行为动词是：获得、增强、形成、树立、发展等。

数学教学科学化，从制定教学目标上看，一要全面，二要具有可操作性。这是建立在对教学内容、数学学习规律的准确把握基础上的，需要有对细节的不断追求。制定目标的水平是衡量教师专业化水平的重要标志。

第二节　有效数学教学任务

成功的数学教学设计要求教师以系统而生动的方式将教学内容组织起来，确定主要的概念以及各个概念之间的关系，帮助学生理解所学内容的内在顺序，了解各部分内容与整体的关系，以及各部分之间的联系，从而全面地理解所学的内容。教学内容的设计过程也就是教师认真钻研课程标准、教科书，选择、组织教学内容的过程。教师应根据教学目标的要求，结合学生的实际水平，对学习材料进行再加工，通过取舍、补充、简化，重新选择有利于目标达成的材料。对选定的教学内容还要进行序列化安排，使之既合乎学科本身内在的逻辑序列，又合乎学生认识发展的顺序，将学习材料的知识结构与学生的认知结构有机地结合起来。

一、数学教学任务的含义

数学教学任务分析是指在教学活动之前，预先对教学目标中规定的、需要学生习得的能力或倾向的构成成分及层次关系进行分析，目的是为学习顺序的安排和教学条件的创设提供心理学依据。进行数学教学任务分析，除了具备足够的数学专业知识和熟练的技能，还需要具备教学设计理论知识和技能。

二、数学教学任务的基本步骤

（一）确定学生原有的数学基础

在进入新的学习单元或学习课题时，学生原有的学习习惯、学习方法、相关知识和技能对新的学习的成败起着决定性作用。所以教师在确定终点教学目标后，必须分析并确定学生的起点状态，即起点能力。另外，从知识分类学习论的观点看，由于智慧技能从辨别到高级规则之间有严格的先后层次关系，所以作为高一级智慧技能先行条件的较低级智慧技能必须全部掌握。而且由于技能的形成比知识习得所需要的时间长，所以在教新的技能之前，一旦发现学生缺乏过硬的技能，应及时进行补救性教学。

确定学生起点能力的方法很多。在一般的情况下，学生的作业、小测验、课堂提问、观察学生的反应等方法，都可以被教师用来了解学生的原有知识基础。在一个教学单元结束以后，也可以对照单元教学目标进行单元测验。按照掌握学习的原则，达到每个教学单元85％的教学目标后，才能转入下一单元的学习。在很多情况下，一个教学单元的重点目标的达到同时也构成下一个教学单元的起点，在教学设计中必须强调针对教学目标的测量，并诊断目标实现的程度。

（二）分析使能目标及其顺序

从起点能力到终点能力之间，学生还有许多知识、技能尚需掌握，而掌握这些知识、技能又是达到终点目标的前提条件。这些前提性知识、技能被称为子技能，以它们的掌握为目标的教学目标被称为使能目标。从起点到终点之间所需要学习的知识、技能越多，则使能目标越多。一般先后两次教学的知识、技能距离较小，其间使能目标也不多。

（三）分析支持性条件

支持性条件虽不是构成新的高一级能力的组成成分，但它有助于加快或减缓新能力的出现。支持性条件基本上有两个。

第一，学生的注意力或学习动机的激发。学生的唤醒水平高，注意力高度集中，可以加速新的能力的形成。

第二，学生的认知策略。

三、数学教学任务的指导理论

任务分析的目的是揭示达到教学目标的先行的内部条件，从目标导向教学过程和教学方法的选择的观点看，这些内部条件被鉴别出来以后，还应进行相应分类。如进行必要条件与支持性条件、上位概念或规则与下位概念或规则方面的分类等。一旦学习类型确定以后，教学的外部条件的创设便有了可靠的依据。可以应用学习结果分类和学习理论来指导教学任务分析。

（一）运用学习结果分类理论指导任务分析

学生的学习结果不外乎五种类型：言语信息、智慧技能、认知策略、动作技能和态度。教师只需要将教学目标中明确陈述的学生的行为样品归入上述类别，便能完成学习任务类型的分类。

（二）运用同化论分析教学任务

有意义学习的实质是个体获得有意义的文字符号所表征的意义。这种意义被称为材料的逻辑意义。有意义学习过程就是个体从无意义到获得心理意义的过程。这种个体获得的意义又叫心理意义，以区别于材料的逻辑意义。有意义学习过程也就是个体获得对人类有意义的材料的心理意义的过程。

（三）运用认识论分析理论分析数学知识

数学概念形成的认识论分析理论指出，数学内容可以区分为过程和概念两类，其中，过程指的是具备了可操作性的法则、公式和原理；而概念是数学中定义的对象和性质。数学中，特别是代数教学中，许多概念既表现为一种过程操作，又表现为一个整体性的固定的对象、结构，概念往往兼有这样的二重性。

概括地说，同一个数学知识常常具有如下的二重性：过程与对象、算法与结果、操作行为—结构关系。相应地，分别具有如下特征：动态与静态、历时与同时、细节与整体。数学知识的这种二重性要求在实际运用时，应根据需要灵活地改变认识的角度，有时要将它当作有操作步骤的过程（程序性知识），有时又将它当作一个静止的、具有一定结构的整体对象（陈述性知识）。

数学中的过程和对象有着紧密的依赖关系，具体表现在：

第一，先过程后对象的数学概念形成顺序。

第二，对象化（由过程到对象的转化）是数学概念形成、发展的关键环节。由此，数学教学设计要考虑到学生认知数学的对象——过程的顺序，提供操作运算来帮助学生形成和理解概念，又应把握操作运算的量和质，实现概念由过程到对象的转变，以及从居高临下的视角来理解概念。

第三节　有效数学教学对象

一、认知特征分析

数学教学对象分析即学生分析，是教学设计过程中的重要步骤。教学设计的一切活动都是为了学生的学，教学目标是否实现，要在学生自己的认识和发展的学习活动中体现出来，而作为学习活动主体的学生，在学习过程中又是以自己的特点来进行学习的。因此，要取得教学设计的成果必须重视对学生的分析。

学生分析的目的，是为了了解学生的学习准备情况及其学习风格，为教学内容的选择和组织、教学目标的阐明、教学活动的设计、教学方法和媒体的选用等教学外因条件适合学生的内因条件提供依据，从而使教学真正促进学生智力和能力的发展。不同的学生具有不同的学习态度、起始能力、知识储备和个性特征，这些能力和特征直接或间接地影响着学生的学习效果。教学对象不同，教学起点也不同。

学生认知特征分析也称一般特征分析，是指学生在从事新的学习时，现有的心理发展水平对新的学习的适应性，具体包括认知水平、认知风格、智力特征及自我调节能力。认知水平和智力特征从心理与认知发展阶段的角度判断学生的现有认知能力。认知风格（学习风格）是指对学生感知不同刺激，并对不同刺激做出反应这两个方面产生影响的所有心理特性。智力特征是指作为个体稳定的学习方式和学习倾向的学习风格，源于学习者的个性，是学生的个性在学习活动中的定型化、习惯化。自我调节能力则是一种元认知能力，是学生监控和调节学习过程的重要能力表现。

（一）学生的认知水平

现代教学的特点在于力求控制教学过程以促进学生思维发展。要分析学生的认知发展水平，一般都要引用认知发展阶段论。

学生从出生到学生期结束，其认知发展要经过四个时期：

1. 感知运动阶段

处于感知运动时期的主要是靠感觉和动作来认识周围世界的。在这个时期还没有达到认知水平，他们所具有的只是一种图形的知识，图形的知识依赖于对刺激形状的再认识，而不是通过推理产生的。

2. 前运算阶段

前运算阶段时期的认知开始出现象征（或符号）功能（如能凭借语言和各种示意手段来表征事物）。正是由于这种消除自我中心的过程和具备象征功能，才使得表象或思维的出现成为可能。在这个阶段，学生还不能形成正确的概念，他们的判断受直觉思维支配，还没有预演的可逆性、守恒性。

3. 具体运算阶段

具体运算阶段的具有运算的知识，能在一定程度上做出推论，学生思维已具有可逆性和守恒性，但这种思维预演离不开具体事物的支持。

4. 形式运算阶段

这个阶段能对抽象的和表征性的材料进行逻辑运算。主要特征是他们有能力处理假设。

在进行上述阶段的划分时还要知道：

第一，认知发展的过程是一个结构连续的组织和再组织的过程，过程的进行是连续的，但它造成的后果是不连续的，故发展有阶段性。

第二，发展阶段是按固定顺序出现的，出现的时间可因个人或社会变化而有所不同，但发展的先后次序不变。

第三，发展阶段是以认知方式的差异为根据。因此，阶段的上升表现在认知方式或思维过程品质上的改变。

思维是人脑对客观事物的本质和规律的、概括的和间接的反映。概括性和间接性是思维的两个基本特征。思维之所以能揭示事物的本质和内在规律性关系，主要来自抽象和概括的过程，即思维是概括的反映。所谓概括的反映，是指以大量的已知事实为依据，在已有经验的基础上，舍弃个别事物的个别特征，抽取它们的共同特征，从而得出新的结论。在数学学习中，学生的许多知识都是通过概括认识而获得的。没有抽象概括就没有思维，概括水平是衡量思维水平的重要标志。

数学思维发展处于经验型抽象思维阶段，其思维的发展具有两个特点：

第一，抽象思维日益发展，并逐渐占相对优势，但具体形象思维仍然起着重要作用。

第二，思维的独立性和批判性有了显著发展，学生往往喜欢争论问题，不随便轻信教师和书本的结论。当然，学生思维的独立性和批判性还很不成熟，很容易产生片面性和表面性，这些缺点是和他们的知识与经验不足相联系的。

数学思维向理论型转化，抽象逻辑思维占主导地位。思维具有鲜明的意识性，注意力更加稳定，观察更加精确、深刻，能够发现事物的本质和规律，在记忆方面有意记忆和理解记忆占主导地位。

（二）学生的认知风格

对于教学设计来说，之所以要对学生的学习风格进行分析是基于这样一个假说：当教学策略和方法与学习者的思考或学习风格相匹配时，学习者将会获得更大的成功。因此，学习风格的分析被称为有效教学设计的重要步骤，了解学生在认知风格和方式上的差异，对于教师根据学生特点进行因材施教有重要意义。学生的认知风格也称为认知方式、认知模式或者学习风格，是指学生在信息加工过程中表现在认知组织和认知功能方面持久一贯的特有风格。它既包括个体直觉、记忆、思维等认知过程方面的差异，又包括个体态度、动机等人格形成和认知能力与认知功能方面的差异。

学习风格大致可归纳为以下几种类型：

1．冲动型与反省型

冲动型的学生往往只以一些外部线索为基础，未加仔细考虑就急于回答问题，缺乏对问题的深究，缺乏计划性。反省型的学生则表现得谨慎、仔细、周详，一般不急于回答问题或得出结论，倾向于对自己的选择进行反复思量、论证，直到具备较大的把握。

2. 场依存型与场独立型

场依存型的学生受环境影响明显，更容易在集体情景的学习中获得快乐，并在集体中表现出顺从、和谐与协调，具有良好的融合性，情境性明显。场独立型的学生在学习过程中则很少甚至不受外界因素的影响，习惯于独立思考和学习，不满足于接受既成结论，也不会轻易被个人情感所左右。

3. 结构性与随意性

结构性强而正规的教学最适合于那些能力较强、急于学习成功的焦虑型学生。强调活动多样化和随意性的非正规教学对于那些能力较差或者善于自治的学生来说可能更有用。

4. 整体型策略与序列型策略

采用整体型策略学习的学生，反映在学习过程中，往往会从现实问题出发联系到抽象问题，再从抽象问题回到现实问题中去。序列型策略学习则是从一个假设到另一个假设的线性发展过程。

5. 外倾型与内倾型

外倾型学生表现为情绪外露，喜忧溢于言表，起伏变化大，乐观意识明显。内倾型学生则不轻易表露情绪，往往可能表面上风平浪静，内心却激荡不已。

测定学习风格的方法一般有三种。

第一，观察法，即通过教师对学生的日常观察来确定。这种方法适合于年龄较小的学生，因为他们对自己的学习风格不太了解，所以在回答问卷时会感到困难。不过，这种方法的缺点是教师很难分别观察到每一个学生的学习风格。

第二，问卷法，即按照学习风格的具体内容设计一个调查量表，让学生根据自己的情况来填写。这种方法的优点是可以给平时还没有注意到自己某些学习风格的学生提供一些线索，启发他们正确地选择答案；缺点是问卷中的题目不可能涉及全体学生所包括的学习风格。

第三，征答法，让学生来陈述自己的学习风格。这种方法的优点是学生可以不受具体问题的限制，从而更能体现出自己的特点；缺点是如果不能把学习风格的概念准确地向学生讲清楚，那么学生的陈述就有可能不在学习风格的范围之内。

（三）学习的智力特征

智力是指人认识、理解客观事物并运用知识、经验等解决问题的能力，它包括观察、思考、记忆、想象等。教育和教学对智力发展起着主导作用。因此，智力水平与特征也称为教学设计过程分析的重要内容。多元智能理论与成功智力理论从个体差异而非智力高低出发，为教学设计及实施提供了重要的理论支持。

（四）学生的自我调节能力

自我调节是个体心理能动性的重要表现，是心理的整体功能，它是多维度、多层次的心理活动系统。在学习活动中，学生的自我调节能力是关系到学习效果的重要能力，也是学生分析的重要维度。

自我调节学习是学生为实现某些具体的教育目标而自发产生的思维、情感和行为，是个人根据特定任务应用于实际生活的复杂过程。学生能够主动地、灵活地运用元认知策略，能够自我激发学习动机，能够对自己的学习行为积极地做出自我观察、自我判断、自我反应，这样的学习就是自我调节学习。

第一，学习中的自我观察是指学习者依据标准对自己行为的诸方面进行考察和判断或关注自己学习行为的某些方面。如果学生发现自己的学习有问题或不充分，那么他就有可能寻求帮助或采取行动改变自己的现状。同时，教师也可能对学生传授更有效的学习策略，让学生使用这些策略来促进自己的学习。

第二，学习中的自我判断是指将当前学习的作业水平和自己的目标进行比较。自我判断的目标是个体自己定的。个体所定的目标可分为绝对目标和常模目标。绝对目标是固定的。学生还可以把绝对目标和常模目标结合在一起使用。取得进步的信息会提高其自我效能感，从而维持其完成任务的动机。同时与和自己能力相同的人比较，而不是与比自己高得多或低得多的人比较，会有助于自我效能感的提高。

第三，学生在学习进程中对自己能力和技能的自我评价由两部分组成：一是自我判断，即通过将当前操作与目标进行比较以判断自己的当前操作；二是自我反应，即通过证明成绩是否突出、是否令人满意等来对这些判断做出自我反应。积极的自我评价会使学生增强学习的效能感，并更加努力学习。

学生根据各种不同的目标进行学习（如获得知识和解决问题的策略、完成作业或者实验等），并对自己的学习进程进行观察、判断和反应。而这三个过程又是相互联系、相互影响的，自我调节是一个循环的过程，每一次的循环都会使学习得到提升。

二、初始能力分析

了解学生的原有知识基础和认知能力是为了确定当前所学新概念、新知识等的教学起点。初始能力也称为学习准备，主要包括学生对新的学习在认知、动作技能和情感三个方面的准备情况，学生原有的学习准备状态是新的教学的出发点。

（一）学生预备技能分析

预备技能是学生在新的学习之前，已经掌握的数学有关知识与技能以及他们对这些学习内容的认识和态度的综合。了解学生的起点水平的意义在于，能够确定正确的教学起点。确定了学生的起点水平以后，就可以对经过学习内容分析以后选择的学习内容进行必要的调整，补充学生尚未掌握的预备技能，巩固他们已经掌握的部分目标技能。可见，确定学生的起点水平与教学内容分析是密切相关的。通过了解学生的起点水平可以准确地确定教学起点，从而提高学习效率，保证收到良好的教学效果。除此之外，还有助于适当地选择教学方法等。

对学生预备技能的分析最常采用的方法是预测。为了了解学生是否具备从事新的学习所必须具备的预备技能，可以先设定一个起点，把起点以下的知识与技能作为预备技能，并以此为依据编写测试题，测试学生对预备技能的掌握情况。进行预备技能分析是为了明确学生对于所面临的学习是否有必备的行为能力，应该提供给学生哪些补救活动。

（二）学生目标技能分析

对目标技能的预测有助于在确定教学内容方面做到详略得当。分析学生的初始能力可以采用一般性了解的方法，也可以将一般性了解和预测两种方法结合起来使用。所谓一般性了解，就是教师在开始上新课之前，通过分析学生以前学习过的内容、查阅学生作业和试卷，或与学生、班主任及前任教师谈话等方式，获得学生掌握预备技能和目标技能情况的一种方法。预测是在一般性了解的基础上，通过编制专门的测试题，测定学生掌握预备技能和目标技能的情况的一种方法。与一般性了解相比，预测的优点是比较客观、准确。进行预测的过程是：编写测试题—进行学前测试—分析测试结果。

第一，编写测试题。测试题的编写方法一般是：假定一个教学起点，将教学起点以下的知识和技能编制成测试题目。

第二，进行学前测试。如果测试题中包含测试目标技能的题目，测试成绩较差，教师要事先说明测试目的，以减少测试结果给学生带来的不良影响。

第三，分析测试结果。根据分析的结果，对教学起点进行调整，并从试卷中找出需要补充的预备技能，这样才能使教学起点真正建立在学生的初始能力之上。

（三）学生学习态度分析

学习态度分析也是起点分析的重要内容。学习态度分析的目的在于了解学生对将要学习的内容有无兴趣，对数学是否存在着偏见和误解，有没有为难情绪等。态度是个体对特定对象所持有较为持久的有组织的内在反应倾向。它由认知、情感和行为倾向三种主要成分构成，能解释和预测个体的各种行为反应。学生的学习态度也有认知、情感和行为倾向三种成分。

学习态度的认知成分是学生对教学活动的认识和理解，并由此产生一定的评价。这种认识和评价通常表现为领悟数学或其内容、方法对个人和社会的价值。学习态度的情感成分，是学生对数学教学内容、数学方法、数学思维等的内心体验，并相应表现出来的喜爱或厌恶。学习态度的行为倾向是学生的态度与其行动相联系的部分，它是个体学习的一种准备状态。如乐意听数学老师讲课，愿意做数学习题、主动看数学课外书等。学习态度即是先前学习活动的某种结果，又是学生后继学习活动的某种条件或原因。当学生对数学学习持积极主动的态度时，将迸发出强烈的求知欲，高涨的学习兴趣，观察细致、思维活跃、记忆效率高。可见，学生学习态度如何是能否达到教学目标的重要条件。

教师了解学生的学习态度，可以召开座谈会，听取有关人员尤其是任课教师对学习者有关情况的介绍，据此对学生的学习态度做出分析和了解；也可以运用问卷调查法，了解学生关于教学设计所涉及的有关内容的看法；还可以通过查阅有关文献资料或凭借所积累的教育教学经验对学生的一般特点或可能具有的学习态度做出基本或大概的估计。

第四节　有效数学教学策略

教学策略，就是教师为达到特定的教学目的、增大教学效益，依据教学规律、教学原则以及学生学习心理规律而制订的教学行为计划。主要是指教学过程和方法等方面的设计。依据教育心理学的观点，教学过程与方法的目的是促进学生的学习过程，因而对过程与方法的设计要以学生学习的过程与规律为依据。

一、教学策略

（一）陈述性知识的教学策略

陈述性知识是可以用言语表达的知识，是用来回答世界是什么问题的。数学知识多是用言语符号来表达的，所以陈述性知识是数学知识最初的表现形式，陈述性知识的学习是数学知识学习的起始，而后才能进行其他高级学习。例如，概念的学习有两种水平，一是将概念作为陈述性知识来学习，要求学生能说出概念的名称及其本质特征；二是将概念作为程序性知识来学习，学生习得概念后，要能用概念的本质特征对概念的正反例进行区分。概念学习的这两种水平，属于不同类型知识的学习，其习得的规律也不尽相同。这两种水平的学习又是密切联系的，第一种水平的概念学习是第二种水平的概念学习的基础和前提，即学生首先要以陈述性知识的形式掌握概念的本质特征，而后才能运用这一本质特征来区分概念的正反例。

陈述性知识的教学策略，要有效地促进陈述性知识的学习，做到以下五点：

1. 引起与维持注意

任何有目的的学习都要以学生有意识的注意为先决条件。教师可以适当告知教学目标以指引学生的注意，形成明确的学习预期。

2. 提示学生回忆原有旧知

陈述性知识学习的核心就是将新知识与原有知识联系起来，因而在教学时要首先保证学生具有与新知识学习有关的原有知识。教师要帮助学生回忆并激活与新知识有关的旧知识，在此基础上，进行新的学习。

3. 呈现经过精心组织的新知识

有研究表明，学生的成绩与教师授课的逻辑性、条理性呈正相关。所以，教学内容的呈现要经过精心的组织和安排，并且将视与听两种方式结合起来，以提高学生记忆的效率。

4. 引导学生在新知识内部和新旧知识之间建立联系

在呈现新的教学内容的过程中，教师还要帮助学生将新旧知识联系起来，在新知识内部建立内在逻辑上的联系，以此让学生在头脑中形成相互联系的知识体系，将新知识纳入原有的知识体系中。

5. 指导学生巩固新知识

陈述性知识的学习与教学经过上述几个阶段，并不能说学生已掌握了，建立的新旧知识的联系是否牢固，要长久保持，还需要教师指导学生巩固记忆的方法。

（二）概念的教学策略设计

概念反映的是一类对象的本质属性，即这类对象内在的、固有的属性，而不是表面的属性。所以，学生学习概念就意味着学习、掌握一类数学对象的本质属性，而这类对象是数量关系和空间形式，舍弃了物体的具体性质和具体的关系，仅被抽取出量的关系和形式构造。

一方面，在某种程度上表现为对于原始对象具体内容的相对独立性；另一方面，数学概念不仅产生于客观世界中的具体事物的抽象，而且产生于思维结果，这些作为思维结果的数学概念尽管对数学理论的建立以及对现实世界的广泛应用有重要作用，但概念的引入及其反映属性与现实内容相脱离来看，具有相对独立性。

数学概念又具有抽象与具体的双重性。数学概念既然代表了一类对象的本质属性，那么它是抽象的。以矩形概念为例，现实世界中没见过抽象的矩形，而只能见到形形色色的具体的矩形的物体：书页、窗框、显示器等。从这种意义上说，数学概念脱离了现实。由于数学中使用了形式化符号化的语言，使数学概念离现实更远，也就是说，抽象程度更高。这是数学概念抽象性的一面，这是数学概念的重要特征之一。正是因为抽象程度越高，与现实的原始对象的联系越弱，才使得数学概念应用越广泛。但不管怎么抽象，高层次的概念总是以低层次的概念为其具体内容。并且，数学概念是数学命题、数学推理的基础成分，就整个数学系统而言，概念是个实在的东西。这是数学概念具体的一面。

数学概念还具有逻辑联系性。数学中的大多数概念都是在原始概念的基础上形成的，并采用逻辑定义方法，以语言或符号的形式使之固定。其他学科均没有数学中诸概念那样具有如此精确的内涵和如此丰富、严谨的逻辑联系。在一个数学分支中，诸如概念形成一个结构严谨的概念体系，构成该分支的骨架，将概念之间的逻辑联系清晰地表达出来。

一般来说，概念教学可分为概念引入、概念理解、概念应用三个阶段。相应地，教学内容的组织就应考虑：以什么方式引入概念？怎样组织内容才有利于学生对概念的理解？应当选择哪些例题和习题来达到概念有效应用的目的？

1. 概念形成的教学策略设计

概念的形成是指这样的获得概念的方式，即在教学条件下，从大量具体例子出发，从学生实际经验的肯定例证中，以归纳的方法概括出一类事物的本质属性。概念的形成是以学生的直接经验为基础，用归纳的方式抽取出一类事物的共同属性，从而达到对概念的理解。

概念形成的具体过程为：辨别一类事物的不同例子，归纳出各例子的共同属性；提出它们的共同属性的各种假设，并加以检验；把本质属性与原认知结构中的适当的知识联系起来，使新概念与已知的有关概念区别开来；把新概念的本质属性推广到一切同类事物中去，以明确它的外延；扩大或改组原有数学认知结构。

在数学学习中，对于初次接触的或较难理解的概念，往往采用概念形成的学习方式，以减少学习上的困难。

概念形成包括内部和外部两个方面的条件，其内部条件是学生积极地对概念的正反例证进行辨别，其外部条件是教师必须对学生提出的概念的本质属性做出肯定或否定的反映。

2. 概念同化的教学策略

所谓概念同化，就是学生在学习概念时，以原有的数学认知结构为依据，将新概念在教学条件下进行加工。如果新知识与原有认知结构中适当的观念相联系，那么通过新旧概念之间的相互作用，新概念就会被纳入原有认知结构中，使原有认知结构得到改组或扩大，这一过程称为同化。在教学中，教师利用学生已有的知识经验，以定义的方式直接提出概念，并揭示其本质属性，由学生主动地与原有认知结构中的有关概念相联系去学习和掌握概念的方式。

概念同化，首先必须具备有意义学习的条件：

第一，学习的概念具有逻辑意义。

第二，学生认知结构中具备同化新概念的适当观念，即具备有意义学习的心向。在具备有意义学习的条件下，学生积极地把新学习的概念与认知结构中原有观念进行联系，并不断与认知结构中的原有观念进行分化或融会贯通，这就是概念同化的教学过程。这种同化过程越积极，所获得的概念就越清晰，并对后继学习的影响也越大。

概念同化学习的智力动作：

第一，揭示概念的关键属性，给出定义、名称和符号。

第二，对概念进行分类。

第三，新旧概念建立联系。

第四，肯定例证和否定例证的辨认。

第五，把新概念纳入概念体系。

概念形成与概念同化相比，概念形成主要依靠的是对具体事物的抽象，而概念的同化主要依靠的是新知识与旧知识的联系；并且概念形成与人类自发形成概念的方式接近，而概念同化则是具有一定心理水平的人自觉学习概念的主要方式。在数学概念的实际学习中，概念的形成与概念的同化两种方式往往又是结合使用的，这样既符合学生概念学习时由具体到抽象的认识规律，掌握形式的数学概念背后的事实，又能使学生较快地理解概念所反映的事物的本质属性，提高学习的效率、效益。

数学概念教学应将两种方式并重，这样做无论是从教学投入与产出的比，还是从培养学生完整的思维习惯方面都是合理的。至于采用哪种方式为好，取决于学生已有的认知水平和具体的教学内容。

为了使学生理解概念，教师应当充分揭示概念的内涵。揭示概念的内涵应多方位、多侧面，结合概念性质的学习，从多种角度去审视同一个概念，使学生在头脑中逐步形成概念域（即关于一个概念的一组等价定义）。同时，结合对反例的辨认，明确概念的外延。无论采用同化方式还是采用形成方式，概念的学习都是建立在原有认知结构基础之上的，都要借助于原有观念去同化新概念。因此，要真正理解概念，就应当梳理概念的来龙去脉，形成概念系（头脑中形成的概念网络，在该网络中概念之间存在某种特定的数学抽象关系）在教学设计时必须考虑恰当组织材料，以利于学生形成概念网络。组织的材料（例题、习题）应由浅入深、循序渐进，从概念在知觉水平的应用（能将特例归为这类事物的类型）逐步过渡到思维水平的应用。

（三）数学命题教学策略

数学命题指数学定理、推论、公式、法则、原理等，是数学知识的重要组成部分。作为程序性知识，其学习首先要经历陈述性知识阶段，与陈述性知识的规则学习完全一样，都要利用相关的原有知识和具体的例证来促进学生对规则的理解。变式练习是陈述性知识转化为程序式知识的关键教学环节，教师要创设多种练习的情境，促进学生知识向高一级形式转化。这里以定理为例来说明。

1. 了解定理的由来

数学定理是从空间形式或数量关系中抽象出来的。一般说来，数学中的定理总能找到它的原型。在教学中，教师一般不要先提出定理的具体内容，而应尽量创设情境，让学生通过具体的观察、计算、推理等实践活动来猜想定理的具体内容，这样有利于学生对定理的理解。

2. 认识定理的结构

教师要知道学生弄清定理的条件和结论，分析定理所涉及的有关概念、图形特征、符号意义，将定理的已知条件和求证确切而简易地表达出来，特别要分析定理的条件与结论之间的制约关系。

3. 掌握定理的证明

定理的证明可能是定理教学的重点，首先应让学生掌握证明的思路和方法。为此，教学应加强思路分析，把分析法和综合法结合起来使用。一些比较复杂的定理，可以先以分析法来寻求证明的思路，使学生了解证明方法的来龙去脉，然后用综合法来叙述证明的过程。叙述要注意连贯、完整、严谨。这样做使学生对定理的理解，不仅知其然，而且知其所以然，有利于掌握和应用。

4. 熟悉定理的应用

学生是否理解了定理，要看他是否会应用。并且也只有在应用中加深理解，才能真正掌握。因此，应用所学定理去解答有关实际问题，是掌握定理的重要环节。在定理的教学中，一般可结合例题、习题教学，让学生动脑筋、想思路，领会定理的适用范围，明确应用时的注意事项，把握应用定理所要解决问题的基本类型。

5. 将定理纳入定理体系

数学知识的系统性很强，任何一个定理都处在一定的知识系统中。要引导学生弄清每个定理的地位和作用，以及定理之间的内在联系，从而在整体上、全局上把握定理的全貌。因此在定理教学过程中，应搞清每个定理在定理体系中的前后联系，指导学生运用图式、表格等方法，把学过的定理进行系统的整理。

6. 认知结构得到发展

数学中的定理、公式较多，时间一长，不少同学回忆不清定理、公式。所以，教师要指导学生根据定理、公式等的特点来记忆。在后面的学习中遇到相关的知识也要经常辨析。定理的教学要做到：

第一，提示学生回忆原有知识。定理反映的若干概念之间的关系，要理解概念间的关系，首先要掌握构成定理的概念，在进行定理教学之前，教师要激起学生对构成定理的概念的回忆。

第二，引导学生习得定理的内容。定理习得有两种方式，一种是例规法，一种是规例法。不论哪种方式，都必须让学生深刻理解。将定理的内容与学生的原有知识进一步联系起来。教师要提示学生回忆一些能说明定理的例子，当学生这方面的例子不多时，就需要教师来呈现。

第三，使定理转化为支配行为的规则。变式练习是陈述性知识转化为程序性知识的关键环节。变式练习的变主要体现在将同一定理用来解决不同内容的问题上，练习的例子要从简到难，变化要从小到大。对于学生练习中的错误进行评价反馈，还要确保学生对呈现的反馈信息进行思考和加工，这样才能实质性地促进学生对定理的学习。

第四，注意练习的分散与集中。技能的形成与知识的掌握不一样，知识习得可以很快，但技能的习得往往要花较长的时间，尤其是那些要达到自动化的技能，更要大量的练习时间。这些大量的练习，不可能在一节课内完成，需要将其分成几个时段分别进行练习，练习初期安排得适当集中，在技能逐渐形成并熟练之后，练习的时间可以适当加长。

第五，将习得的定理与先前的知识融会贯通。定理教学时，还要注重定理与其他概念、定理的联系，让学生将习得的知识相互联系起来，促进知识的组织化和条理化。这项工作可以在定理教学完成后进行，也可以放在复习课上进行。

（四）习题教学策略

1. 问题表征的教学策略

第一，给学生充分观察问题的时间，让学生根据自己的理解去描述问题的题设、结论，并发现可能隐含的条件。

第二，引导学生从多角度、多侧面去观察问题，以揭示问题的背景。

第三，根据不同类型的问题，让学生采用画示意图、画表格等方法表征问题。

第四，引导学生去搜寻与问题相关的概念、命题、规则以及已经解决过的问题，找出新旧问题之间的联系和区别。

第五，对三种数学语言文字、符号、图形转化进行专门训练。

第六，引导学生对问题的条件或结论进行等价描述，或对整个问题进行等价转换，以求用不同背景表征问题，优化解题策略。

第七，对问题有了一种表征，不要急于解答问题，重新回到问题，再一次理解题意，或者对自己的表征不完整进行修补，或者对问题进行新的表征。。

2. 问题迁移的教学策略

第一，揭示问题之间的数学抽象关系，促使迁移的产生。这就要求教师在分析问题时，要充分揭示待解问题与已学过的命题或已解决过的问题之间的抽象关系，一旦学生明确了这种关系，迁移即会产生。

第二，对于一种新学习内容的问题，宜先采用强抽象形式进行解题教学，即先讲授一般性命题。一方面，让学生去解答该命题的有关强抽象命题，这种情形容易产生迁移，因而有利于陈述知识向程序性知识过渡，形成自动化程序性知识。另一方面，在形成一类问题解决技能之后，又要加强弱抽象形式的解题训练，以发展学生的弱抽象思维能力。

第三，从外部调控到内部调控过渡，即由教师的提示、导向、补充思维材料到学生对解决问题的自我监视、控制和调节过渡。迁移能力的提高很大程度上依附于自我监控能力的发展，因而，导向引发的迁移必须转移为自我引发的迁移，解题能力才能得以提升。

第四，在对问题的等价化归中寻找迁移源。有些问题不是某些问题的直接迁移，而应对问题进行一定程度等价变形后方能识别模式，从而产生迁移。

第五，在推理中寻找迁移源。推理本身就是知识的迁移，这是解题中的局部迁移，局部迁移往往导致全局性迁移。

第六，对典型命题，应作变式、拓广，并注重其广泛的应用。典型命题是解决问题的迁移源，它在变式、拓广、应用时建立知识网络的枢纽。通过这种训练，可使学生形成优良的数学认知结构，有助于迁移能力的提高。

第七，围绕一个命题应用的练习题应有必要的数量，没有一定数量的练习，该命题难以实现对今后问题的解决产生迁移。

第八，当找到问题的一种模式后，应对该模式做出估计，即对该模式在解决问题中的作用作预测，防止因思维定式而产生迁移。

第九，当一个迁移产生而又不能解决问题时，要引导学生重新表征问题，重新识别模式，教给学生抵制负迁移的方法。

3. 解题策略的教学策略

第一，把问题特殊化。从特殊情形中寻求解决一般问题的方法。

第二，逆向思维。引导学生从问题的反面或从正常思维的反向去考虑问题。

第三，发散思维。将问题的信息向多方扩散，寻求问题的多种解答或寻求问题的多种答案，也可以对问题做多向变式、推广。

第四，将问题化整为零。由对问题的局部解决达到对问题整体解决的目的。

第五，灵活化归。教给学生一些常用的化归方法，如高维化归为低维、多元划归为一元、高次转化为一次等，教学中应注重训练学生灵活应用这些方法。

第六，将一种方法汇通一类问题，即多题一解。

第七，要注意揭示解决问题中所蕴含的数学思想方法，形成方法体系。

第八，构造模型。包括构造几何形的辅助线方法、构造辅助函数、构造数学模型、构造代数问题的几何模型、构造几何问题的代数模型等，教给学生一些常用的构造方法。

二、数学课堂教学结构

（一）创设问题情境，明确学习目标

以问题为教学的出发点，激发学生的好奇心和学习兴趣，使学生产生看个究竟的

冲动。学习目标一定要让学生非常清楚地知道，只有这样才能使学生把握学习方向。一般来说，学习目标中，掌握数学概念的内涵（知识点）、领悟概念所反映的数学思想方法、建立相关知识的联系、学会数学地思考与表达等，应当成为基本内容，最重要的是要形成数学的思维方式。

（二）指导学生开展尝试活动

1. 在学习目标的指引下，通过适当的问题引导学生回忆已有的相关知识

新的学习建立在已有学习基础上。许多时候，建立已有知识之间的联系就是学习目标。新的学习要成功，不仅要具备前提性知识，而且它们要有可利用性，这就要使它们得到回忆。这种回忆要通过一些问题来引发，要注意思考性，在引导学生回忆已有知识的过程中引起知识之间的联结，以利于形成新的猜想。

2. 提供适度的学习指导

这里的指导不是告诉学生答案，而是引导学生的思路，让学生有目的地开展阅读、观察、实验、类比、联想、归纳、推理以及交流等活动，以提高学生学习的效率。主要还是根据学习内容的特点，通过一系列的问题来引导学生发现规律。

提供学习指导，实际上是一个师生互动的过程。互动的方式很多，就教师与学生之间的互动形式来看，有以教师为主的互动（问话式，教师问学生答）和在教师指导下以学生为主的互动（对话式，互问互答）；就互动的内容来看，主要是通过问题—操作—思考—回答的方式来展现；就教师提问来看，有认知要求的差异，即学生会根据教师提问的要求，在识记、推理、探究、评判等不同的思维水平上来回答问题。对如何互动，不能一概而论，应当根据学习内容的特点进行设计。但是有一个原则要把握住，这就是要保持学生的思维水平，问题应具有思考力度。

（三）组织变式训练

在训练过程中，正例、反例各有功效，应当恰当使用；正例（典型性、丰富性、适量、变式），通过归纳，概括共同特征，形成正确概念；反例，用于辨析概念。一般来说，反例应当在使用正例形成一定的概念理解后使用，以达到对细节、特例的深入了解，避免认识的片面性。

（四）认知结构的组织和再组织

结合必要的讲解，指导学生从联系的角度研究新知识，将新知识概括到已有的认知结构中去。可以从两个方面考虑：一是引导学生进行归纳总结；二是提供适当的综合应用新知识的机会。在教学设计的系列中，必须设计在一段时间内有间隔地系统复习，以保证知识得到良好的保持。为了促进迁移，应当在一定的时候提供问题解决的机会，使学生能够把学到的知识运用到与学习情境本质上不同的新情境中去。

（五）根据教学目标，及时反馈调节

每一堂课都要有反思学习过程的任务，使学生对照学习目标检查自己的学习效果，提出疑问，由教师或同学有针对性地进行答疑或讲解。教师应当通过反馈调节，给那些学习有困难的学生以补救的机会，尽量不使问题累积。

第五节　有效数学教学评价

数学教学系统设计的根本目的在于解决教学中的问题，形成优化的教学方案，并在实施中取得好的教学效果，也就是要促进学生的数学学习以取得更佳的学习效果。因此，数学教学设计的评价包括教学设计成果的评价与目标达成评价。

一、数学教学设计方案的评价

数学教学设计方案是数学教学设计过程中各要素分析和设计的外化成果，通常包括课程标题和概述、教学目标阐述、学生特征分析、教学策略选择、教学资源和工具的设计、教学过程设计、学习评价与反馈设计、总结与帮助等内容。对数学设计方案的评价有助于设计人员反思自己的设计过程，尽可能避免由于设计上的疏漏而导致使用效果不理想的问题。数学教学设计方案的评价可以从教学设计方案的完整性和规范性、可实施性、创新性等几个方面来进行。

（一）完整性和规范性

一份规范的数学教学设计方案必须体现一个完整的数学教学设计过程，所有必需的环节应明确写出，而且要前后一致，是一个系统的解决问题方案，而不是各个要素的简单堆砌。

1. 教学目标阐述

确定的教学目标要体现课程的理念，不仅反映知识与技能、过程与方法、情感态度和价值观三个维度的目标，而且能体现学生学习的差异；目标的阐述清晰、具体、不空洞，不仅符合数学学科的特点和学生的实际，而且便于教学中进行形成性评价。

2. 教材分析

纵向分析教材在相应知识结构中的地位、知识的类型、展开的线索和所隐含的数学思想方法。

3. 学情分析

从认知特征、起点水平和情感态度准备情况以及信息技术技能等方面详细、明确地列出学生的特征。

4. 教学策略选择与学习活动设计

多种教学策略的综合运用，一法为主，多法配合，优化组合；教学策略既能发挥教师主导作用，体现学生主体地位，又能够成功实现教学目标；活动设计和策略一致，符合学生的特征，教学活动做到形式和内容的统一；恰当使用信息技术；活动要求表述清楚。

5. 教学资源和工具的设计

综合多种媒体的优势，有效运用信息技术；资源能够促进教和学，发挥必需的作用。

6. 教学过程设计

教学思路清晰（有主线、内容系统、逻辑性强）、结构合理，能以核心知识（基本概念及由内容所反映的数学思想方法）为联结点，精中求简，易学、好懂、能懂、会用，能切实减轻学生学习负担；注重新旧知识之间的联系，形成知识的网络系统，联系通畅，便于记忆与检索，重视新知识的运用；教学时间分配合理，重点突出，突破难点；有层次，能够体现学生的发展过程。

7. 学习评价和反馈设计

有明确的评价内容和标准；有合理的习题，习题的内容、数量比较合理，有层次性，既落实"四基"要求，又注重学生应用数学知识解决问题能力的提高；注重形成性评价，提供评价工具；针对不同的评价结果提供及时的反馈，以正向反馈为主；根据不同的评价信息，明确提出矫正教学行为的方法。

8. 总结和帮助

对学生学习过程中可能产生的问题和困难有所估计，并提出可行的帮助和支持，有完整的课后小结，总结有利于学生深入理解学习内容，重点关注学生的学习需求。

（二）可实施性

评价一个数学教学设计方案的优劣还应该从时间、环境、师生条件等方面来考虑其是否有较强的可操作性。

1. 时间因素

运行教学方案于教学时所需要时间多少，包括教师的教学时间、学生的学习时间等。

2. 环境因素

对教学环境和技术的要求不高，可复制性较强。

3. 教师因素

方案简单可实施，体现教师的教学风格、特点及其预备技能。

4. 学生因素

针对学生的情况，对学生的预备知识、技能以及学习方法等方面的要求比较合理。

（三）创新性

教学设计方案既能发挥教师的主导作用，又能体现学生的主体地位；教法上有创新，能激发学生的兴趣；对数学知识的理解有自己的独特之处，有利于促进学生高级思维能力的培养；体现新理念、新方法和新技术的有效应用。

实际上，教学设计方案的评价可以根据上述基本要求，设计更精细的评价指标，来量化评价教学设计方案。

二、目标导向教学的测量与评价

评价是检验教学效果和调整教学过程的重要手段，确定评价策略和方式是教学设计的必要一环。在教学中，教学评价应该贯穿于教学活动的全过程。其中，评价的一个主要功能是验证是否达到目标。

（一）学生达标情况的测量

采用学习结果分类体系，对认知领域内学生学习结果进行达标测量，然后对照目标进行评价。这里仅介绍测量的方法。

1. 陈述性知识的测量

判断陈述性知识获得的标准是信息的输入与输出相同，故而测量陈述性知识目标宜采用回忆式的题目，如填空、简答、选择等。题干可以源于教材，也可以采用意思相同而表达不同的句子。学生的反应可以与教材原句一字不差，也可以用自己的话表述。要求学生逐字逐句回忆，只表明他们获得了一定的事实，用自己的话回答则可说明学生的理解情况。

2. 智慧技能的测量

（1）辨别

评价辨别目标时，可以给学生呈现一个标准刺激，然后再呈现一些备择刺激，要求学生回答哪个或哪些备择刺激与标准刺激相同。所采用的题目一般是选择题。

（2）具体概念

评价具体概念是否习得是给出某一概念的一些正反例，看学生是否能将其识别出来。所采用的测试题形式最好是选择题，选项中既包含正例，也包含反例。

（3）定义性概念

定义性概念的评价可有三种形式：

第一，选择式。给出一些概念的正反例，学生加以识别，并不要求解释。

第二，建构式（学生自己组织语言来回答）。给出一个学生以前未经历过的概念的正例或反例，要求学生解释该例为什么是或不是该概念的例子；或者要求学生举出概念的例子，不进行解释。

第三，混合式。即将建构式与选择式结合起来考察定义性概念。学生在概念的正反例中做出选择之后，再解释为什么这样选。

（4）规则

学生是否习得了规则，不是看他能否说出这条规则，而是看他能否运用规则办事。因而评价规则不能采用回忆式题目，而应用建构式题目。精心设计的选择题也可以用于评价规则。

3. 问题解决的测量与认知策略的测量

问题解决又叫高级规则，是综合运用几个规则，创造出一个新规则的能力。评价问题解决目标，宜采用建构式测试题，并且有质和量的较高要求。

认知策略教学是数学教学改革的趋势。认知策略是对内调控的技能，属于程序性知识，评价也宜采用建构式题目，但标准应是学生能否运用某一策略。

三、教师教学的测量与评价

评价教师的教学主要是评价教师所采用的教学步骤和方法是否有效地促进了学生的学习。评价的主体可以是他人，也可以是教师本人。通过他人评价为教师的教学提供改进建议和指导，教师自评称为教学反思，是促进教师将教育理论与教学实践结合的主要途径，对提高教师的教学技能意义较大，所以积极倡导教师自评反思。对教学评价，也随着知识类型的变化有不同的内容和方法。

（一）陈述性知识为主要教学目标的教学评价

以陈述性知识为主要教学目标的教学中，最主要的工作是促使学生将新知识纳入原有的知识体系，形成合理的知识结构。有质量的陈述性知识教学能吸引学生的注意，引发学生有意义的学习。学生注意到学习内容，唤起原有知识，并存储新知识。所以教学评价应该侧重如下四个教学环节：

第一，原有知识的激活。

第二，教材的组织与呈现。

第三，促进知识的理解。

第四，指导复习，促进知识的巩固。

（二）智慧技能为主要教学目标的教学评价

当知识进入学生原有的命题网络，在多种问题情境中进行练习，该知识就转化为按某种规则或程序顺利完成智慧任务的能力（技能）。相应的教学设计要保证学生将习得的新知识转化为智慧技能。在知识转化和应用阶段，题型或问题情境的变化，是帮助学生获得熟练解决问题技能的关键环节，因此智慧技能要重点评价是否设计了有代表性的典型变式，是否促进了学生形成恰当的认知表征。

（三）认知策略为主要教学目标的教学评价

认知策略与智慧技能的学习本质是相同的。教学评价也有相似之处。但认知策略与智慧技能的学习过程还是有一定的差异。认知策略学习的第一个阶段是知道该认知策略有什么用、包含哪些具体的操作步骤。第二个阶段是结合该认知策略使用的情境，对如何运用这一策略进行练习，逐步达到能够熟练甚至自动地执行认知策略的操作程序。第三个阶段是清晰地把握策略使用的条件，知道何时、何地使用这一策略，并主动运用和监控这一策略的使用。教师可以分别从这三个阶段进行全面、准确的教学评价，认知策略的教学要更重视应用环节。

四、目标导向教学的诊断与补救

（一）学生未达标的原因分析

遵循学生的学习规律进行教学以后，也不可能所有的学生都达到了同样的水平，都能实现预定的教学目标。班级中出现几个不达标的同学是难以完全避免的，对这些未达标的同学要查找原因，及时补上。

造成学生未达标的原因一般说来有内部原因与外部原因两个方面。对于内部原因，不外乎智力、原有知识基础、学习动机三种因素。在外因方面，主要是教师的教学，这是影响学生成绩很重要的一个变量。

（二）对学生的诊断与补救

明确了导致学生不达标的原因，接下来就要进行具体的诊断工作，找出学生或教师教学方面导致学生不达标的具体原因。这里的诊断，从另外一个角度看，其实就是测量与评价。通过测验，可以反映出学生在达成目标方面的原有知识的缺陷；通过评价，可以找出教师教学中不到位的方面。综合两方面的诊断信息，可以清晰地找出学生不达标的原因。

明确了具体的原因，接下来就可以进行补救教学。补救教学就是重新教一遍，但这次的教是有的放矢的教，是针对学生的缺陷或教师教学的不足进行改进基础上的教。如果学生仍未达标，则需要重复上述的诊断与补救，直到学生达标为止。

补救教学要注意下面几点：

1. 针对性

补救教学是在通过诊断测验并分析了学生失败的特殊原因的基础上进行的，要做到对症下药。

2. 及时

及时就是教师要及时了解学生掌握的情况，发现学生学习或自己教学的缺陷，采取恰当的补救措施。

3. 改变教法

由于有些学生学习的失败可能是教师的教学方法不当造成的，所以在补救教学时，教师不能重复使用导致学生失败的方法，要根据具体情况，适当变化。

4. 学生之间互帮互教

一个教师可能很难对差异较大的部分学生进行有针对性的补救教学，所以可以组织学生互帮互教，取长补短，共同提高。

第三章　有效数学教学中的数学思想与方法

第一节　数学思想的含义

数学是研究现实世界数量关系和空间形式的科学，它的特点不仅在于概念的抽象性、逻辑的严密性、结论的明确性和体系的完整性，而且在于它应用的广泛性。数学思想融合在数学知识和方法中，对数学教育具有决定性的指导意义。

数学思想作为数学课程论的一个重要概念，有必要对它的内涵和外延形成较为明确的认识。

数学思想是人们对数学科学研究的本质及规律的深刻认识，这种认识的主体是人类历史上过去、现在以及将来的有名与无名数学家；而认识的客体则包括数学知识的对象及其特性，研究途径与方法的特点，研究成就的精神文化价值及对物质世界的实际作用，内部各种成果或结论之间的相互关联和相互支持的关系等，是人们在建立数学理论或解决数学问题时所用到的一些思想。

关于这个概念的外延，可以认为：从量的方面来看，有宏观、中观、微观之分。属于宏观的，有数学观（数学的起源与发展，数学的本质和特征，与现实世界的关系）、数学在科学中的文化地位、数学方法的认识论、方法论；属于中观的，有关于数学内部各个部门之间的分野与合流的原因及后果，各个分支发展过程中积淀下来的内容上的对立与统一的相克相生关系等；属于微观的，则包含着关于各个分支及各种体系结构中特定内容和方法的认识，包括对所创立的新概念、新模型、新方法和新理论的认识。从质的方面说，还可分成表层认识与深层认识、局部认识和全部认识、孤立认识和整体认识、静态认识与动态认识。

数学思想一般可以分成三类：

第一，对数学本质的认识方面的思想。它回答数学是什么的问题。

第二，关于数学的地位、作用和发展方面的思想。它回答数学向何处去的问题。

第三，解决具体的数学问题的思想。它回答数学怎样论证的问题。

宏观数学方法论和微观数学方法论的划分。第一类、第二类数学思想应属于宏观的数学方法论，主要研究数学发展的规律；第三类的数学思想则应属于微观的数学方法论，主要研究数学中的发现、发明与创新等法则。

主要讨论第三类数学思想，把它简称为数学解题思想与方法，主要是解决具体数学问题时用到的一些思想方法。比较常见的有：函数思想、方程思想、数学模型思想、数形结合思想、公理化思想、归纳思想、极限思想、递归思想、随机思想、集合思想、映射思想等。

数学家解决问题最重要的分析工作是抓住本质的东西，而除掉那些不影响问题本质的东西，即进行抽象分析；他们解决问题的思想，主要是转化和构造。所以，数学思想的本质在于转化和构造。转化是思维的进程，构造是实现的手段。不断地转化和构造，就成为解决数学问题的主线。

第二节　数学思想在高职数学教学中的地位和作用

一、数学思想是数学教材体系的灵魂

数学思想是对数学知识本质的认识，它是数学知识的核心、精髓和灵魂，对理解、掌握、运用数学知识和数学方法，解决数学问题能起促进和深化作用。

数学教材是从历史和近代的数学观点以及教育学的观点组织的，用于表达一定的思想的教学工具。逻辑化是一个原则，更深层次的是概念和命题的本质是什么；从怎样的教材出发，经过怎样的分析而概括出来的，最终要形成怎样的数学模型和数学结构；组成怎样的体系，要学生形成怎样的数学思想方法。

二、数学思想是教学设计的指导思想

数学教材设计在于构思获得和发展真理性认识的数学活动过程，具有思想的飞跃和创造。就是说，教学设计可能是历史上数学思想发生发展过程的模拟和浓缩；也可能是渗透现代数学思想，使用现代手段实现的新的认识过程；还可能是现实教学基础上的概括和延伸，这就需要搞清概括怎样的共性，如何准确地提出新问题，需要怎样的新工具和新方法等。这些创造只能依靠数学思想做指导。

三、数学思想是课堂教学质量的重要保证

思想性高的数学设计，是高质量进行教学的基本保证。在高职数学课堂教学中，随着新技术手段的现代化，学生知识面的拓宽，有时他们提出的许多问题是教师难以解答的。面对这些肯钻研的学生所提的问题，教师只有达到一定的思想深度和对数学科学的精深把握，才能保证准确辨别各种各样问题的症结，给出中肯的分析，才能恰当适时地运用类比联想，给出生动的陈述，把抽象的问题形象化，复杂的问题简单化。只有鼓励学生大胆地进行创造，并能积极主动地参与到教学活动中来，真正成为教学

过程的主体，才能使有一定思想的教学设计变成高质量的教学活动过程。

四、数学思想是解题思路的导航灯

策略方法产生于解决数学问题的思路过程中，产生于解剖问题的结构，并与自己头脑中的模型、模式相印证、相对应的过程中，是经验估计与逻辑分析相结合，对问题结构做出判断，对策略方法进行挑选、演变的思维活动。数学思想决定着这种活动的发展方向。

五、数学思想是数学教师数学修养的核心

有很多数学知识的思想不一定有深度，只有对知识融会贯通地理解和升华才能体会到知识的思想，有思想的知识才是活知识，有创造力的知识。概念和命题是定型的、静态的，而思想是发展的、动态的，凝聚成概念和命题的思想可以在概念的范畴以外起作用，能动地认识新的数学对象，建造新的数学模型。因此，它更具有内聚力和开发性，从掌握表层知识去挖掘深层的思想，数学知识才真正有了核心。

第三节　高职数学教学中的主要数学思想

一、转化思想

数学的基本任务之一可以概括为将实际问题转化为数学问题，然后解决该数学问题，进而解决原来的实际问题。数学问题提出后，其系统任务就是寻求解答了。如何寻求解答？怎样解答？数学中有一个非常普遍的思想方法——转化思想。转化要遵循一定的规则，要达到一定的目的。

数学的对象是现实世界的空间形式和数量关系，这是非常现实的材料。数学研究是纯粹的、极度抽象的、完全撇开具体内容的形式和关系。这种高度抽象的结构性的特点为转化思想提供了前提和基础。

转化思想的基本想法是：把甲问题的求解化为乙问题的求解，然后通过乙问题的求解返回去获得甲问题的求解。

总之，转化的基本目的是化难为易，化繁为简，化暗为明，通过变化把这一问题归结为另一问题，以便求得解答。

数学转化思想中的另外一种重要表现是数式与图形的相互转化。数和形是事物的数学特征的两个相互联系的侧面，通常是指数量关系和空间形式之间的辩证统一。在解决数学问题时，若把一个命题或结论给出的数量关系式称为式结构，而把它在几何形态上的表现（图形或图像）称为形结构，就能在解题的指导思想观念上体现得较为

深刻，而在方法论意义上，使其应用更为广泛。

数形相互转化不仅是探求思路的慧眼，而且是深化思维的有力杠杆。见数构形，直觉作桥，训练思维的敏捷性；由形思数，从表及里，锤炼思维的深刻性；数形渗透，多方联想，启迪思维的广阔性；数形对照，比较鉴别，增强思维的批判性；数形交融，摆脱定势，发展思维的创造性。

二、构造思想

构造思想是数学中的一种基本思想。常说的列方程、作图、建立坐标系、构造算法、建立模型等，都具有明显的构造性色彩。许多数学问题的求解，当把具体的对象构造出来以后，问题也就解决了，比证明更为有效。

构造思想是通过构造来建立数学理论、解决数学问题的一种数学思想。所谓构造，就是构建结构或体系，构造对象或指出达到某种目的的方式和途径。构造必须切实可行，它是直观的、定量的，并且必须能够在有限步骤内完成。

数学中的构造思想主要表现在数学概念和数学理论上的构造性、问题性质和解答的构造性、数学解题方法的构造性。这里主要介绍数学应用、数学解题中的构造思想。

构造思想在数学应用、数学解题中的作用主要表现在两个方面：

第一，许多数学问题本身具有构造性的要求，或者可以通过构造而直接得解。

第二，许多问题，若通过构造相应的数学对象（如函数、方程、数列、模型、映射、图形等）作为辅助工具，则容易获得解决。

在解题过程中，由于某种需要，要么把题设条件中的关系构造出来，要么将关系设想在某个模型上得到实现，要么将已知条件经过适当的逻辑组合而构造出一种新的形式，从而使问题获得解决。在这种思维过程中，对已有的知识和方法采取了分解、组合、变换、类比、限定、推广等手段进行思维的再创造。实现这一过程的关键在于构造，称之为构造性思维。

构造模型是一种常用的数学解题方法。构造的模型一般具有下面的一些性质：

第一，直观性。一个数学问题总是涉及许多抽象的数学概念和概念之间的关系。为了理解概念和掌握它们之间的关系，总是用比较熟悉、比较具体的事物来构造适合问题的模型。概念及其相互关系在模型中反映出来，问题便有了真实、生动的形象，想象和思考有了比较具体的对象，思维有了依托，这就是模型的直观性。

第二，可操作性。由于模型的直观性，构造模型的材料是比较熟悉的具体事物，这样就便于对模型进行操作和变换。对模型的这些操作和变换，就是间接地对模型所反映的数学问题的操作与变换。

第三，概括性。一个好的模型，不仅适用于某个具体的问题，而且适用于形式相近、性质相同的一类或几类不同的问题。也就是说，好的模型概括地反映了一类数学问题的共同本质，因而可以有广泛的应用。

三、函数思想

函数是数学中最重要的基本概念，也是数学分析的研究对象。函数的思想，就是运用函数的方法，将常量视为变量，化静为动，化离散为连续，将所讨论的问题转化为函数问题并加以解决的一种思想方法。

四、极限思想

极限思想是近代数学的一种重要思想，数学分析就是以极限概念为基础，以极限理论为主要工具来研究函数的一门学科。极限的思想方法是数学分析乃至全部高等数学必不可少的一种重要方法，也是数学分析与初等数学的本质区别之处。数学分析之所以能解决许多初等数学无法解决的问题，正是由于它采用了极限的思想方法。

有时要确定某一个量，首先确定的不是这个量的本身而是它的近似值，而且所确定的近似值也不仅仅是一个而是一连串近似值的趋向，把那个量的准确值确定下来。这就是运用了极限的思想方法。

五、连续思想

数学分析的研究对象是函数，主要是连续函数，因此数学分析中的许多问题都是与连续有关的。求函数的极限问题是数学分析的重要内容，如果给定的函数是连续的，应用连续函数求极限的法则，就可以把求极限的复杂问题转化为求函数值的问题，从而大大简化了求极限的过程。

六、导数思想

有两类问题导致了导数概念的产生：一是求变速运动的瞬时速度，二是求曲线上一点处的切线。这两个问题的实际意义完全不同，前者是物理学中的瞬时速度，后者是几何学中的切线斜率。但从数量关系来看，它们有着完全相同的数学结构—函数的改变量与自变量改变量之比的极限，可归为同一类数学运算。

七、积分思想

为了解决求物体运动的路程、变力作功以及由直线围成的面积和由曲面围成的体积等问题，导致了积分的产生。微分与积分的内在联系——微积分基本定理，从而产生了微积分，使数学从常量数学跨入变量数学，开创了数学发展的新纪元。积分的应用表现在用微元法来建立所求积分表达式，主要是在几何和物理方面的应用：求平面图形的面积、已知截面面积的立体的体积、旋转体的体积、曲线的弧长、旋转曲面的面积、变力所做的功等。

八、级数思想

级数理论是数学分析的重要组成部分，是研究函数的重要工具，级数是产生新函数的重要方法，同时又是对已知函数表示、逼近的有效方法，在近似计算中发挥着重要作用。可以用无穷多项的多项式来准确地表示一个函数，这就是幂级数，利用函数的幂级数展开式，对研究函数的性质和计算都有着非常重要的作用。

第四章 有效数学教学模式的运用

第一节 任务驱动教学模式的运用

一、任务驱动教学模式的基本含义

任务驱动教学法是利用建构主义学习理论来进行教学的一种方法。它主要强调学生的自主学习和合作式学习。学生为了探索某种问题，必须通过积极主动地利用学习资源，进行自主研究和互动协作的学习，从而达到既解决问题又掌握知识的目的。在这种以解决问题、完成任务为主的教学过程中，学生处于积极的学习状态，每一位学生都能根据自己对问题的理解，运用已有的知识和自己的经验提出解决问题的方案。学生还会不断地获得成就感，更大地激发求知欲望，逐步形成一个感知心智活动的良性循环，从而培养出独立探索、勇于开拓进取的自学能力。

在任务驱动教学法展开的过程中，教师要根据当前的教学内容和教学目标，依据学生已掌握的知识和具备的思维能力，提出一系列的任务；在学生探讨问题的过程中，教师提供解决问题的线索，如需要搜集的资料怎么和前面的知识相联系；倡导学生进行讨论和交流，并补充、修正和加深每个学生对当前问题的解决方法。检验学生的学习效果主要包括两部分内容，一方面是对学生是否完成当前问题的解决方案的过程和结果的评价；另一方面是对学生自主学习及协作学习能力的评价。

二、任务驱动教学法的应用

（一）任务的设计

任务的设计是任务驱动教学法的最重要的环节，直接决定了一节课的质量、学生是否进行自主学习和是否能够完成该节课的教学目标。教师应当根据学生当前的知识水平，设定合理的、能激发学生的学习兴趣的任务。

高职院校数学是一门公共基础课，要求教师设定任务的时候考虑到不同专业的特点，结合该专业的数学水平，提出不同层次的、由简单到复杂的小任务，能够把学生需要学习的数学知识、技能隐含在要完成的任务中，通过对任务一步步地完成来实现对当前数学知识和技能的理解和掌握，从而培养学生动手操作、积极探索的能力。

学生对任务的完成分为两种形式：一种是按照原有的知识和教师的指导一步步地完成任务，这种形式比较适合学生对教学内容的一般掌握；另一种是学生除了完成教师要求的任务，还能自由发挥，提出自己的一些建设性的意见，这种形式比较适合学生对教学内容的拓展掌握。

总之，任务的设定要结合学生的实际情况和兴趣点，将教学内容融入教学环境中，培养学生的开放性思维和探索知识的能力。

（二）任务的完成和分析

一般在教师给出任务以后，留有时间让学生自由讨论和自主搜集学习资料，探讨完成该任务存在什么问题，该如何解决这些问题。能够找到完成该任务所用到的知识点没有学过，这就是完成该任务所要解决的问题。

找到所要解决的问题，在分析该问题时，教师要引导学生，利用已有的知识，利用所需的信息资料，尽量以学生为主体，并给予适当的指导来补充、修正和加深每个学生对问题的认识和知识的掌握。

在此过程中，教师要充分发挥学生的主观能动性，让学生能够主动独立思考、自主探索，并能够自主总结知识点，这样对培养学生的分析解决问答题的能力有很大的帮助。同样也使得学生学会了表达自己的见解，聆听别人的意见，吸收别人的长处，并能够和他人团结合作。

教师在此过程中也要时刻注意学生探讨的深度和进度，掌握好课堂的教学进度，并采用适当的措施使得每个学生都能够参与到讨论的活动中。

（三）效果的评价

当学生完成任务以后，需要教师对结果做出总结性的评价，主要分为两方面的评价：其一是对学生完成任务后的结论的评价，通过评价学生是否完成了对已有知识的应用，对新知识的理解、掌握和应用，达到本节课的教学目的。其二是针对学生在处理任务时的考虑问题思维的扩散和创造能力，和其他同学合作协作的能力，以及对自己见解的表达能力，教师应做适当的评价，能够更加激发学生的学习的兴趣，保持一种良好的学习劲头。

在进行教学评价的过程中，教师也可以引导学生进行自我评价，使得学生对自己在完成任务的过程中出现的问题和没有考虑到的细节进行总结，能够传承长处，改进失误，从而形成一种良性循环。

对教学效果的评价是达成学习目标的主要手段，教师如何利用此达到教学目标，学生如何利用它来完成学习任务从而达成学习目标，都是相当重要的。因此，评价标准的设计以及如何操作实施都是值得关注的。

三、任务驱动法在高数数学教学中的案例分析

(一) 任务驱动法基本环节

任务驱动法包括创设情境—确定任务—自主学习（协作学习）—效果评价四个基本环节。

(二) 高职院校数学教学在任务驱动法中案例分析

以高职院校数学数列极限这一节教学为例，剖析任务驱动法的各环节。

第一环节是创设情境。情境陶冶模式的理论依据是人的有意识心理活动与无意识的心理活动、理智与情感活动在认知中的统一。教师创设情境使学生学习的数学知识与现实一致或相似的情境中发生。学生带着任务进入学习情境，将抽象的数学知识建立数学模型，使学生对新的数学知识产生形象直观和悬念。

第二环节是确定任务。任务驱动法中的任务即是课堂教学目标。任何教学模式都有教学目标，目标处于核心地位，它对构成教学模式的诸多因素起着制约作用，它决定着教学模式的运行程序和师生在教学活动中的组合关系，也是教学评价的标准和尺度。所以，任务的提出是教学的核心部分，是教师主导作用的重要体现。

第三环节是自主学习，协作学习。问题提出后，学生观看问题情境，积极思考问题。一是真正从情境中得到启发，课堂上由学生独立完成；二是需要教师向学生提供解决该问题的有关线索，如需要搜集资料、相关知识、图片、如何获取相关的信息等，强调发展学生的自主学习能力。

第四环节是效果评价。对学习效果的评价主要包括两部分内容，一方面是对学生当前任务评价即所学知识的意义建构的评价；另一方面是对学生自主学习及协作学习能力的评价。

任务驱动法是教师—任务—学生，三者融为一体的教学法，是双边互动的教学原则，教与学双方形成合力，而不是以教定学的教学模式。

四、任务驱动教学法应用的注意事项

(一) 任务提出应循序渐进

任务的设计是任务驱动教学法成败的关键所在。教师在提出任务的时候，要注意任务的难易程度，由易到难，将任务细化，通过小任务的完成来实现整体的教学目标。在任务的设计上不能千篇一律，应考虑到不同专业的学生的个性差异，设计合适学生的身心发展的分层次任务。

(二) 任务设计应具研究性

考虑到任务是需要学生进行自主学习和建构性学习来完成的，因此，要求每个阶

段的任务的设计能够展示知识之间的联系和知识具有实际意义下的研究探索性。通过任务的完成，使得学生能够体会到知识的连通性，意识到所学的知识起到承前启后的作用。

（三）方法实施期间注重人文意识

高职院校数学作为一门基础公共性的课程，它既含有丰富的科学性，又蕴含着深厚的人文知识。因此，在方式的实施过程中，要求教学形式情景化和人文化。任务设计的过程不仅要求学生能够掌握一定的科学文化知识，还需要能对学生的思维方式、道德情感、人格塑造和价值取向等方面都能产生积极的影响。

第二节　分层次教学模式的运用

一、分层次教学的内涵

（一）含义

分层次教学是依据素质教育的要求，面向全体学生，承认学生差异，改变大一统的教学模式，因材施教，培养多规格、多层次的人才而采取的必要措施。分层次教学模式的目的是使每个学生都得到激励，尊重个性，发挥特长，是在班级授课制下按学生实际学习程度和能力施教的一种重要手段。

承认学生之间是有差异的，但有时，这种差异往往又不是显而易见的，对学生属于哪一种层次应持一种动态的观点。学生可以根据考试和整个学习情况做出新的选择。虽然每个层次的教学标准不同，但都要固守一个原则，即把激励、唤醒、鼓舞学生的主体意识贯穿到整个教学过程。

（二）理论基础

第一，分层次教学是将学生的个别差异视为教学的组成要素，教学针对学生不同的基础、兴趣和学习风格来设计差异化的教学内容、过程和成果，促进所有学生在原有水平上得到应有的发展。

第二，分层次教学中的层次设计是为了适应学生认识水平的差异。根据人的认识规律，把学生的认识活动划分为不同阶段，在不同阶段完成适应认识水平的教学任务，通过逐步递进，使学生在较高的层次上把握所学的知识。

第三，由于学生基础知识状况、兴趣爱好、智力水平、潜在能力、学习动机、学习方法等存在差异，接受教学信息的情况也有所不同，所以教师必须从实际出发，因材施教、循序渐进，才能使不同层次的学生都能在原有的程度上学有所得、逐步提高。

第四，人的全面发展理论和主题教育思想为分层次教学奠定了基础。随着学生自主意识和参与意识的增强，现代教育越来越强调以人为本的价值取向，学生的兴趣爱好和价值追求在很大程度上左右着人才培养的过程，影响着教育教学的质量。

（三）特点

分层次教学，就是在原有的师资力量和学生水平的条件下，通过对学生的客观分析，对他们在进行同级编组后实施分层教学、分层练习、分层辅导、分层评价、分层矫正，并结合自己的客观实际，协调教学目标和教学要求，使每个学生都能找到适合自己的培养模式，同时调动学生学习过程中的异变因素，使教学要求与学生的学习过程相互适应，促使各层学生都能在原有的基础上有所提高。因此，分层次教学一个最大的特点就是能针对不同层次的学生，最大限度地为他们提供这种学习条件和必要的全新的学习机会。

二、分层次教学的意义

分层次教学就是针对不同学生的不同学习能力和水平而开展的教学活动。它符合以人为本素质教育的发展方向，以因材施教为原则，以分类教学目标为评价依据，使不同学生都能充分挖掘自身潜力，从而达到全面提升学生素质，提高教学质量的目的。

（一）有利于提高学习兴趣

实施分层教学的方法，使各个层次的学生都能够更加认真地学习高职院校数学的课程，发现学习的乐趣，提高学习水平和学习兴趣。

（二）有利于实现因材施教

教师可以根据不同层次学生的数学基础和学习能力，设计不同的教学目标、要求和方法，让不同层次的学生都能有所收获，提高高职院校数学的教学、学习效率。教师在课前能够针对同一层次学生的情况，做好充分的准备，有针对性、目标明确，这就极大地提升了课堂教学的效率。

（三）有助于提高教学质量

在实施分层次教学以后，教师面对同一层次的学生，无论从教学内容还是教学方法方面都很容易把握，教学质量就自然有所提升。

三、分层次教学的实施

（一）合理分级，整体提升

分层次教学模式的实施符合当前高职院校学生的学习实际，且以此方式开展高职院校数学教学，更能体现出该教学模式的针对性与科学性。当然，采用分层次教学模式，首要工作便是对学生进行合理评级，而要确保评级的合理性，便是采取将学生入学成绩与学生资源结合的方式，以学生自主选择为基础，然后参考学生的入学成绩予以分级，有利于学生学习兴趣与学习主观能动性的调动。与此同时，积极引进合理的竞争机制，还可以有效促进学生学习积极性的提升，有利于学生整体学习效率的提高。

（二）构建分层目标，合理运用资源

采用分层次教学模式，针对教学的目标也应结合分级原则予以合理设定。从理论层面来看，关于学生层次以及教学目标的分级，当然是越细越好，但考虑到各大高职院校庞大的学生数量，加之教学组织与管理方面的难度以及教学资源的合理运用，因而实际的分层可考虑以 AB 的方式划分。针对教学目标的设定还需考虑如下几个方面：一是数学的基本原理与概念；二是解决问题能力的训练方法；三是数学的思想与文化素质。

1. 对基础层次 A 采用的教学方法与教学策略

针对基础较好且学习能力相对较强的学生，为确保高效的教学效率，首先应致力于学生学习兴趣的提升。对此，教师采取的教学方式应是以鼓励并引导为主。与此同时，促使学生掌握正确的学习方法，如此有利于学生自主学习能力的发展。当然，考虑到学生所处之不同层次，教师的教学过程中亦应重视以下几点：要尽可能直观地讲解高职院校数学知识，以方便学生理解；增加立体数量，并立体化相关内容；注重体现教学的启发性；增强教学的趣味性。

2. 对提高层次 B 应采用的教学方法与教学策略

针对处于 B 层次的学生，首先，教师的教学除了需侧重于展示教学的概念外，尚需让学生了解一定的定理发展史，以帮助学生理解数学基础知识中所包含的数学思想并同时掌握解决问题的基本方法，继而寻求数学的解题规律，以解释数学的本质。其次，坚持以解决问题为核心，并采用启发式的教学方式以激发学生的学习潜力。再次，积极联系教材，并尽量为学生创设活跃的学习环境，以促使学生自主学习并主动提出问题，进而通过组织学生探讨以找出符合问题描述的解题类型。最后，根据考研能力的要求设置合理的例题，从而确保针对学生的水平训练能满足日常的训练要求。当然，最为重要的一点还是要对当前的教育理念予以进一步的补充与完善，并针对现有的学分制进行相应的改革，结合现有的教学软硬件等资源条件，让每一位学生都能体会到成功的快乐，提升学习积极性。

（三）分层教学内容，满足知识理解深度

把控教学进度并针对不同层次班级采用不一样的教学内容与方法是分层次教学模式的核心。针对高层次班级，教师应在教授基本知识之余，结合考试大纲的要求进行适当的拓展，以提升学生对所学知识的实际运用能力，进而促使学生逐步由学会向会学的方向发展。而针对低层次班级，则需适当降低要求，即在要求学生掌握本科基本内容的前提下，理解部分课本与课本之外的简单习题。与此同时，针对不同层次的班

级，即便是相应的内容也应有不一样的要求。如针对层次较高的班级，应对其在知识理解的深度与广度方面提出更高的要求，而低层次班级仅需懂得运用基本的概念与方法以及能用描述性的语言处理问题即可。

（四）采取分层考核和评分，提升学生主动性

由于采用分层次教学的方式，教师在日常的教学过程中便对学生有着不一样的要求，因而考试的内容也根据最初所划定的学生层次来做出适当的调整，并最终以考试成绩来作为对学生再次分级的依据。当然，教师所做的调整也需结合学生意愿，如根据学生意愿将高层次班级中的差等生降低到低层次的班级，而将低层次班级的优等生上升至高层次班级，如此方能在避免打击学生学习自信的同时提升学生的学习主动性与积极性。

总之，将分层次教学模式应用于高职院校数学教学，其目的主要是希望能减轻学生的学习压力，进而促进学生对该专业基础知识的掌握，并以此提升学生的抽象与逻辑思维能力。因此，作为高职院校数学教师，应将分层次教学模式视作一种教学组织形式，找出学生的认知规律，并持之以恒地加以实践，总结经验教训，如此方能取得良好的教学效果，并确保学生的有效发展。

第三节　互动教学模式的运用

一、高职院校数学的课堂教学中师生互动容易出现这样一些问题

（一）形式单调，多师生间互动，少生生间互动

课堂互动的主体由教师和学生组成。互动可组成多种形式。高职院校数学课程容量比较大，抽象的理论内容居多，所以很多教师采取的互动方式多是教师与学生全体、教师与学生个体，教师提出启发式的问题让全体学生思考，由于时间所限，也只能有个别学生回答问题。这种互动方式没有学生集体讨论的时间，不能广开思路，容易造成学生的思维惰性，起不到培养思维能力和创新能力的作用。

（二）内容偏颇，多认知互动，少情意互动和行为互动

师生互动作为一种特殊的人际互动，其内容也应是多种多样的。一般把师生互动的内容分为认知互动、情意互动和行为互动三种，包括认知方式的相互影响，情感、价值观的促进形成，知识技能的获得，智慧的交流和提高，主体人格的完善等。由于课堂时间有限，高职院校数学课又是基础课，上课班型基本都是大班授课，互动的内容也就尽量集中在知识性的问题上，导致师生间缺乏了解与关怀，加之知识的枯燥，就会导致某些学生的厌学情绪和教师的失望情绪。

（三）深度不够，多浅层次互动，少深层次互动

在课堂教学互动中，常常听到教师连珠炮似的提问，学生机械反应似的回答，这一问一答既缺乏教师对学生的深入启发，也缺乏学生对教师问题的深入思考，这些现象，反映出课堂的互动大多在浅层次上进行着，整个课堂成一单线条前进。

（四）互动作用失衡，多控制与服从的单向型互动，少交互平行的成员型互动

在分析课堂中的师生角色时，常受传统思维模式的影响，把师生关系定为主客体关系，于是师生互动也由此成为教师为主体与学生为客体之间的一种相对作用和影响。师生互动大多体现为教师对学生的控制服从影响，教师常常作为唯一的信息源指向学生，在互动作用中占据了强势地位。

二、互动式教学法及优点

互动教学法是指在教师的指导下，利用合适的教学选材，在教学过程中充分发挥教师和学生双方的主观能动性，形成师生之间相互对话、相互讨论、相互交流和相互促进的，旨在提高学生的学习热情与拓展学生思维，培育学生发现问题、解决问题能力的一种教学模式和方法。从教育学、心理学角度，互动式教学有四大优点。

第一，发挥双主动作用。教师、学生双向交流，或解疑释惑，或明辨是非，学生挑战教师，教师激活学生。

第二，体现双主导效应。互动式教学充分调动学生的积极性、主动性、创造性，教师的权威性、思维方式、联系实际解决问题的能力以及教学的深度、广度、高度受到挑战，教师的因势利导，传道授业，谋篇布局等先导往往会被学生的超前认知打破，主导地位在课堂中适时转换。

第三，提高双创新能力。互动式教学提高了学生思考问题、解决问题的创造性，促使教师在课堂教学中不断改进，不断创新。

第四，促进双影响水平。互动式教学是教学双方进行民主平等、协调探讨，教师眼中有学生，教师尊重学生的心理需要，倾听学生对问题的想法，发现其闪光点，形成共同参与，共同思考，共同协作，共同解决问题的局面，真正产生心理共鸣，观点共振，思维共享。

三、互动式教学法类型

（一）主题探讨法

任何课堂教学都有主题。紧紧围绕主题就不会跑题。其策略一般为抛出主题—提出主题中的问题—思考讨论问题—寻找答案—归纳总结。教师在前两个环节是主导，学生在中间两个环节为主导，最后教师做主题发言。这种方法主题明确，条理清楚，探讨深入，充分调动学生的积极性、创造性。缺点是组织力度大，学生所提问题的深

度和广度具有不可控制性，往往会影响教学进程。

（二）问题归纳法

将教学内容在实际生活的表现以及存在问题先请学生提出，然后教师运用书本知识来解决上述问题，最后归纳总结所学基本原理及知识。其策略一般程序为提出问题——掌握知识——解决问题，在解决问题高职习新知识，在学习新知识中解决问题。这种方法目的性强，理论联系实际好，提高解决问题的能力快。缺点是问题较单一，知识面较窄，解决问题容易形成思维定式。

（三）典型案例法

运用多媒体等手法将精选个案呈现在学生面前，请学生利用已有知识尝试提出解决方案，然后抓住重点做深入分析，最后上升为理论知识。其策略一般程序为案例解说——尝试解决——理论学习——剖析方案。这种方法直观具体，生动形象，环环相扣，对错分明，印象深刻，气氛活跃。缺点是理论性学习不系统不深刻，典型个案选择难度较大，课堂知识容量较小。

（四）情景创设法

教师在课堂教学中设置启发性问题、创设解决问题的场景。其策略程序为设置问题——创设情景、搭建平台——激活学生。这种方法课堂知识容量大，共同参与性高，系统性较强，学生思维活跃，趣味性浓。缺点是对教师的教学水平要求高、调控能力强，学生配合程度要求高。

（五）多维思辨法

教师把现有解决问题的经验方法提供给学生，或有意设置正反两方，掀起辩论，在争论中明辨是非，在明辨中寻找最优答案。其策略程序为解说原理——分析优劣——发展理论。这种方法课堂气氛热烈，分析问题深刻，自由度较大。缺点是要求充分掌握学生基础知识和理论水平，教师收放把握得当，对新情况、新问题、新思路具有极高的分析能力。

互动式教学法是一种民主、自由、平等、开放式教学方法。耗散结构理论认为，任何一个事物只有不断从外界获得能量方能激活机体。双向互动关键要有教师和学生的能动机制、学生的求知内在机制和师生的搭配机制。这种机制从根本上取决于教师学生的主动性、积极性、创造性以及教师教学观念的转变。

四、师生互动在高职院校数学教学中所应具备的条件

数学具有高度的抽象性和严密的逻辑性，这就决定了学习数学有一定的难度。所以，在课堂教学中开发学生大脑智力因数、引导学生数学思维更要求师生间有充分的交流与合作，因而，师生互动也表现得更加突出。未来数学教学的改革应多强调多种

教学方法功能的互补性，朝综合方面发展。即把某些教学方法优化组合，构成便于更好发挥其作用功能的综合教学方法。师生互动是新的教学理念的具体体现。要想充分发挥师生互动的作用，就必须理解其在数学教学中所应具备的要件。

（一）确立平等的师生关系和理念

教师是整个课堂的组织者、引导者、合作者，而学生是学习的主体。教育作为人类重要的社会活动，其本质是人与人的交往。教学过程中的师生互动，既体现了一般的人际关系，又在教育的情景中生产着教育，推动教育的发展。根据交往理论，交往是主体间的对话，主体间对话是在自主的基础上进行的，而自主的前提是平等地参与。因为只有平等参与，交往双方才可能向对方敞开精神，彼此接纳，无拘无束地交流互动。因此，实现真正意义上的师生互动，首先应是师生完全平等地参与到教学活动中来。

（二）彻底改变师生在课堂中的角色

课堂教学应该是师生间共同协作的过程，是学生自主学习的主阵地，也是师生互动的直接体现，要求教师从传统教学中的知识传授者转变成为学生学习活动的参与者、组织者、引导者。学生是知识的探索者，学习的主人。课堂是学生的，教具、教材都是学生的。教师只是学生在探索新知道路上的一个助手，尊重学生的主体地位，建立师生民主平等环境，赋予学生学习活动中的主体地位，实现学生观的变革，在互动中营造一种相互平等、包容和融洽的课堂学习气氛。

现代建构主义的学习理论认为，知识只能由每个学生依据自身已有的知识和经验主动地加以建构；同时，让学生有更多的机会去了解自己的思想，与同学进行充分的交流，学会如何去聆听别人的意见并做出适当的评价，有利于促进学生的自我意识和自我反省。数学教育中教师应成为学生学习活动的促进者、启发者、质疑者和示范者，充分发挥导向作用，真正体现学生是主体，教师是主导的教育思想。

（三）建立师生间相互理解的观念

教学过程中，师生互动，看到的是一种双边（或多边）交往活动，教师提问，学生回答，教师指点，学生思考；学生提问，教师回答；共同探讨问题，互相交流，互相倾听、感悟、期待。这些活动的实质，是师生间相互的沟通，实现这种沟通，理解是基础。

研究表明，学习活动中，智力因素和情感因素是同时发生、交互作用的。它们共同组成学生学习心理的两个不同方面，从不同角度对学习活动施以重大影响。如果没有情感因素的参与，学习活动既不能发生也难以持久。情感因素在学习活动中的作用，在许多情况下超过智力因素的作用。

教学活动中最活跃的因素是师生间的关系。师生之间、同学之间的友好关系是建立在互相切磋、相互帮助的基础之上的。在数学教学中，数学教师应有意识地提出一些学生感兴趣的、有一定深度的课题，组织学生开展讨论，师生之间互相切磋、共同研究中来增进师生、同学之间的情谊，培养积极的情感。许多优秀的教师，他们的成功，很大程度上是与学生建立起了一种非常融洽的关系，相互理解，彼此信任，情感相通，配合默契。教学活动中，通过师生、生生、个体与群体的互动，合作学习，真诚沟通。

（四）在教学过程中师生互动的应用

在教学过程中，师生之间的交流应是随机发生，教师尽量创设宽松平等的教学环境，在教学语言上尽量用激励式、诱导式语言点燃学生的思维火花，尽量创设问题，引导学生回答，提高学生学习能力及培养学生创设思维能力。

建立体现人格平等、师生互爱、教学民主的人文气息，促进师生关系中的知识信息、情感态度、价值观等方面相互交融，就必须不断加强师生的互动。在尊重教师的主导地位，发挥教师指导作用下，必须给学生自主的五权，即发言权、动手权、探究权、展示权、讨论权，凸现学生的主体地位。在互动中，教师和学生可以相互碰撞，相互理解；教师在互动中激励和唤醒学生的自主学习，主动发展；学生在互动中，借助教师的引导，利用资源，得到发展。只有充分认识师生互动双方的地位，才能促进学生学习方式的转变和教师教学理念的更新。只有充分发挥互动的作用，才能促进师生之间、生生之间的有效互动，进而收到事半功倍的教学效果，促进师生的和谐发展与进步。

五、互动式教学的教学程序

（一）预习阶段

即课前预习，是教师备课、学生预习的过程。教师根据学生的个性差异备好课，学生根据教师列出的预习提纲和内容进行自我研究，或者同学之间互相探讨，从中寻找问题、发现问题、列出问题。对于学生暴露出来的问题，教师做详细分析，并对这些问题如何解决提出对策和方法，进行二次备课。

（二）师生交流阶段

教师要组织学生针对普通的问题，结合教材，归纳出需要交流讨论的问题，然后提出不同看法并进行演示，共同寻找解决问题的办法，倡导学生主动参与，培养学生获取知识、解决问题以及交流合作的能力。

（三）学生自练阶段

学生自练是学生根据师生交流的理论知识和师生演示提供的直观形象进行分组练习，互相探讨，教师巡回指导，为学生提供了充分的活动和交流的机会，帮助学生在自主探究过程中真正理解和掌握。

（四）教师讲授阶段

教师讲授阶段是师生进行双边活动的环节，是课堂教学的主导。在自练之后，教师进行讲解，突出重点、难点，让每个学生反复思考，积极参与到解决问题中来，充分发挥民主，各抒己见。而学生则根据教师的讲解、示范不断改进，直到解决问题为止。这一环节要求教师有精细的辨析能力和较高的引导技巧。

（五）学生实践阶段

练习是课堂教学的基本部分，它充分体现了以学生为主体的教学过程。在教学过程中，教师有目的地引导学生将所学知识技能应用到实践中，采用自发组合群体的分组练习方法以满足学生个人的心理需求，并尽可能安排难度不一的练习形式，对不同层次的学生提出不同层次的要求，尽可能地为各类学生提供更多的表现机会。练习的方式要做到独立练习和相互帮助练习相结合，使学生在练习中积极思考，亲自体验，并从中找到好的方法与经验，从而提高学生的应用问题和解决问题的能力。

（六）总结复习阶段

总结复习阶段是课堂教学的结束及延伸部分，在教学中，学生可以自由组合、互相交流、互相学习，这样既可以培养学生的归纳能力，又能够使身心得到和谐的发展。最后教师画龙点睛，总结本课优缺点以及存在的问题，并布置课后复习，要求学生的课余时间对所学的内容进行复习，加强记忆。

总之，高职院校数学是成人院校和职业院校的一门重要的基础课，它对于学生后续课程的学习有重要的作用。在高职院校数学课程教学中，应用互动式教学，使学生由被动变为主动，提高了学习兴趣，也增进了教师和学生之间的沟通与交流。

第四节　翻转课堂教学模式的运用

一、翻转课堂教学模式解析

狭义的翻转课堂指的是教师为学生制作与课程相关的短小视频布置给学生作为课前自主学习的任务。广义上的翻转课堂包括教师布置给学生课前或课后自学的主要学习资料和任务，而在课堂上教师要进行的则是针对学生在自学过程中遇到问题的答疑、解惑、讨论和交流的学习模式。在翻转课堂中，教师是学习过程的指导者与促进者；学生是学习活动的主体；教学组织形式为课前自主学习＋课堂协作探究；课堂内容为作业完成、辅导答疑和讨论交流等；技术起到的作用是为自主学习和协作探究提供方便的学习资源和互动工具；评价方式呈现多层次、多维度。

二、关于翻转课堂内容的选择

翻转课堂内容的选择，也是有方法和技巧的，对于学得比较好的班级，应该选择综合性比较强，包含知识点多的章节作为翻转内容，这样学生在课下学习的过程中会主动地去翻书，查找资料，复习和学习更多的内容。前期，教师对问题的选择也很重要。教师要选择和学生生活、学习以及专业相关的问题。

三、教师前期准备工作

在翻转课堂的实施过程中，教师前期的准备工作显得尤为重要。前期要进行翻转内容的筛选、材料的搜集，视频和 PPT 的制作，作业的布置，学习流程指导等，完成以后将所准备的材料打包放到班级群共享或者网络平台里面供全班同学参考观看。在做好上课前的预习准备工作的同时，将全班同学进行分组，并为各个小组分配好具体任务。当然，在这期间，小组长要跟教师进行沟通，寻求参考意见和帮助，目的是让整个课程的设计流程更加流畅，环节更加缜密，效果更为理想。另一方面，教师最好在前一次课给出具体的要求以及下次课将要考察的内容，让学生提前学习做好准备，同时针对学习方法给学生提出意见和建议。

四、课堂翻转过程

根据翻转课堂的宗旨，课堂将转换为教师与学生的互动，主要以答疑交流为主。教师要帮助学生自己消化课前学习的知识，纠正错误，加深理解。因此在课堂教学中，第一阶段主要任务是答疑和检查学生的学习效果，针对翻转章节，将内容细化为知识点，随机抽取各个小组来讲解自己的答案。在这一过程中，极大地激发了学生的学习兴趣，大多数小组会制作出非常精美 PPT 和课程报告。这一部分的讲解将使得部分学生完成对知识点的吸收和内化，为第二阶段打下了牢固的基础。第二阶段主要为教师的点评和学生学习效果检验过程。后期针对学生的讲解老师要进行认真点评，不但要肯定学生的学习态度和能力，而且要给出有效的建设性意见，对学生的学习有一定的鼓励作用。

五、基于翻转课堂教学模式的高职院校数学教学案例研究

(一) 教学背景

曲线积分是高职院校数学的重要内容，主要研究多元函数沿曲线弧的积分。曲线积分主要包括对弧长的曲线积分和对坐标的曲线积分。对坐标的曲线积分是解决变力沿曲线所做的功等许多实际问题的重要工具，在工程技术等许多方面有重要应用。

(二) 教学目标

课程教学目标包括三个方面：知识目标、能力目标、情感目标。

第一，知识目标。了解单连通区域和复连通区域的概念，理解边界线方向的确定方法。

第二，能力目标。通过实际问题的分析和讨论，增强学生应用数学的意识，培养学生应用数学知识解决实际问题的能力，通过推导和证明，培养其严格的逻辑思维能力。

第三，情感目标。通过引入滑轮等身边实例，使学生认识到所学数学知识的实用性，结合生动自然的语言，激发其学习数学的兴趣。

（三）教学策略

第一，采用线上线下相融合的翻转课堂教学模式。课前线上学习、小组讨论，课上教师讲解、同学汇报，师生讨论、深化提高。

第二，采用以问题为驱动的教学策略。以轮滑做功问题引入，围绕下列问题渐次展开：什么是单连通区域、复连通区域？如何确定边界曲线的正向？

第三，采用实例教学法，激发学生学习兴趣。利用生活中的滑轮问题，引入力、路径和功之间的关系，激发学生兴趣；然后提出计算问题，使其认识到探索新方法的必要性。

第四，采用典型例题教学法，巩固教学重点。通过分析典型例题，使学生深入理解在计算第二型曲线积分中的作用。学生通过分析典型例题的求解思路和方法，融合比较分析技术，自己总结规律和技巧，同时巩固格林公式的理论和方法。

（四）教学反思

课题教学从实际问题出发，导出问题，分析问题，围绕问题展开讨论。采用线上线下相融合的翻转课堂教学模式，学生通过课前线上学习，课堂汇报，充分体现学生的主体地位，发挥学生学习的积极性和主动性。

第五节　三合一教学模式的运用

一、高职院校数学三合一教学模式

高职院校数学三合一教学模式主要是指在高职院校数学的教学过程中，设计一些有针对性的实验课内容，将数学建模、辅助求解融入高职院校数学教学中的教育教学中。它与传统的高职院校数学、数学建模、数学实验三门课独立教学完全不同，是将数学建模方法、辅助求解融入高职院校数学的教学中，旨在促进学生更加深入地理解数学思想内涵，简称三合一教学。

二、高职院校数学三合一教学的方案设计

为了将传统的高职院校数学、数学建模、数学实验三门课程的教学目标有机地融合在一起，使得学生能够更好地理解数学知识，增强数学应用意识，感受数学计算的便捷性，高职院校数学三合一教学模式主要侧重在原来的单一的理论课的讲授方式上再加入三种实验课形式：概念形成体验课、数学辅助计算工具体验课、数学建模应用体验课。

（一）概念形成体验课

高职院校数学课程中的导数、定积分这两个概念就适合用体验式的学习方式，由于概念描述篇幅很长，思路较为烦琐，又涉及极限思想，采用概念形成体验课能让学生对概念表示的式子理解得更加深刻。

（二）数学辅助计算工具体验课

数学辅助计算工具体验课是学生在完成基本概念和基本运算的学习后，到实验室体验数学软件的辅助计算功能，体验有了工具辅助后数学运算的便捷性。

数学辅助计算工具体验课的设计意图是给学生提供一种快速进行微积分计算的新途径，节省计算的时间，把学生的学习重点引导到微积分的核心思想上。这种实验体验课所占课时较少，但是培养学生实践能力的效果突出。学生能够利用软件工具，掌握基本操作命令，熟悉编程的基本步骤，就可以实现辅助计算。

（三）数学建模应用体验课

数学建模是数学应用的重要形式，主要通过实际背景提出问题、建立数学模型、应用适当方法求解问题的一系列过程，促进学生理解数学基础知识、提高综合应用能力。高职院校数学课程中导数的应用、积分的应用、微分方程等模块的内容就适合设计数学建模应用体验课。学生通过亲自动手，体验数学知识并结合实际生活，拉近抽象知识与现实的距离，将数学方法和思想深刻植入心中，影响深远。

数学建模应用体验课的设计意图：主要是通过从实际问题到数学问题的抽象、求解，再回到解释说明实际现象的思维过程体验，使得学生对数学知识的本质认识得更加深刻、形象，并对原来课程中枯燥无趣的数学定理、计算方法，有了对应思维数学模型后，变得生动立体，学生理解和记忆就变得简单。有时在求解数学模型的过程中还要借助数学软件计算才能很好地计算出结果，这也锻炼了学生的计算机计算能力。

三种体验课：概念形成体验课、数学辅助计算工具体验课、数学建模应用体验课是配合理论课的学习而设计的，其设计的具体教学过程的最终目的是希望学生更好地理解数学的基本理论知识，体会数学的应用价值，提高利用计算机进行辅助探究的综合能力。通过进行数学实验的体验，使得抽象的数学概念公式具体化；数学辅助计算工具体验课通过数学软件的辅助，快速地进行微积分运算，使得烦琐的数学运算变得

轻松愉快；数学建模应用体验课通过构建数学模型的练习，让学生所学的知识踏实落地，使数学与现实水乳交融。

第六节 探究式教学模式的运用

一、探究性学习的含义

所谓探究性学习，就是学生在教师的指导下，从学科领域或现实社会生活中主动选择和确定研究课题，以一种类似于学术或科学研究的方法，让学生自主、独立地发现问题，进行实验、操作、调查、信息搜集与处理、表达与交流等探究活动，从而在解决问题中获得知识与能力，实现知识与能力、过程与方法、情感、态度和价值观的发展，特别是探索精神和创新能力发展的一种学习活动和学习过程。从学习方式的层面来看，探究性学习也是一种可供学生选择的学习方式。

在课堂教学中实施探究学习必须具备以下条件：

第一，要有探究的欲望。探究就是探讨研究，探究是一种需要，探究欲实际上就是求知欲。探究欲是一种内在的东西，它解决的是想不想探究的问题。在课堂教学中，教师一个十分重要的任务就是培养和激发学生的探究欲望，使其经常处于一种探究的冲动之中。

第二，探究要有问题空间。不是什么事情，什么问题都需要探究的。问题空间有多大。探究的空间就有多大，要想让学生真正地探究学习，问题设计是关键。问题从哪来，一方面是教师设计，一方面是学生提出。

二、探究性学习的主要特点

探究性学习作为一种学习活动和过程，一种特定的学习方式，有以下特点：

（一）自主性

相对于被动接受式学习来说，探究性学习是基于学生兴趣展开的主动学习活动。选择何种问题进行探究由学生自己决定。学生选择自己感兴趣的问题来实施探究，学习就成了一种内在的需求。由于是一种内在的需求，探究学习过程中，学生能主动承担学习的责任，积极克服学习中的困难，产生"我要学"的心理愿望，使学习成为一个自主的过程。

（二）综合性

探究性学习至少体现了两个方面的综合性：一是学习内容的综合性；二是学习活动的综合性。数学学科课程以数学学科为中心。在复杂的社会系统中，分割状态的学科式的问题很少见，现实的问题往往是复杂的、综合的。学生必须综合运用多学科的知识，才能解决现实生活中的问题。学生选择这些综合性问题加以探究，实际上就获得了一个多元、综合的学习机会。学习活动上的综合性表现为学习形式多种多样，可由学生自主选择；或个人独立研究；或组成研究小组集体攻关；或实地调查；或实验验证；或理论探索；或撰写论文和报告。可把几种方式综合起来运用，解决自己所选择的问题。

（三）实践性

探究性学习是以学生主体实践活动为主线展开的，学生的实践活动贯穿于整个学习过程的始终，具有极强的实践性。

第一，强调亲身参与。要求学生不仅要用大脑去思，而且要用眼睛去看，用耳朵去听，用嘴巴去说，用双手去做。即用自己的身体去经历，用自己的心灵去感悟。

第二，重视探究经验。把学生的个人知识、直接经验、生活世界看成重要的学习资源，鼓励学生经过探索，自己发现知识。

（四）开放性

探究性学习具有明显的开放性，主要表现为三个方面：

第一，学习内容的开放性。探究性学习在内容上注重联系学生的生活实际，联系自然界、人类社会发展的实际问题，特别关注与人类生存、社会经济发展，科学技术发展相关的问题。研究内容的广域性、综合性决定了探究性学习的内容要从学科领域开放到现实生活中的事件、现象和情境中，不再局限于僵化的书本知识，而是一个开放的知识体系。

第二，学习时空的开放性。由于学习内容辐射到社会生活的多个领域，课堂狭小的空间无法承载其丰富的内涵，促使学生走出书本和课堂，走向社会，利用图书馆、网络，采用调查访问、实地考察等手段最大限度地搜集资料，把课内与课外、学校与社会有机地联系起来。

第三，学习结果的开放性。探究性学习允许学生按自己的理解以及自己熟悉的方式去解决问题，允许学生按各自的能力和所掌握的资料以及各自的思维方式得出不同的结论，不追求结论的唯一性和标准性。

（五）创造性

创造性是人的主体性的最高表现，探究性学习过程能使人的创造性得到充分展示。

第一，探究性学习给学生提供了广阔的创造空间。由于探究以现实问题为起点，涉及的是学生的未知领域，学生选择怎样的探究路径，得出怎样的探究结果，都没有固定的模式，他们是在一个完全自由的空间里完成学习活动。

第二，探究性学习不以掌握系统知识为主要目的。它鼓励学生大胆质疑，进行多向思维，从多角度、多层次更全面地认识同一事物，并善于把它们综合为整体性认识，能创造性地运用所学的知识去对新情况做出价值判断，其结果是在深刻的求知体验中不断培养自己的创新精神，不断提高自己的创造能力。

三、探究内容的选择

（一）选择探究内容的意义

在这里所说的探究内容，是指探究的具体对象。选择探究内容的意义主要体现在：

第一，探究内容是教学探究目标实现的载体。任何探究目标的达成都必须通过一定的探究对象实现。因此，选择恰当的探究内容是实现探究目的必要条件。

第二，探究内容是选择学习材料、安排学习环境和教学条件的依据。探究目标对此三者的决定作用不是直接实现的，面是通过探究内容对它们提出具体要求。因此，选择探究内容为这三个方面设计确定了指向和依据，为三者的具体化，同时也为探究目标的具体化奠定了基础。

（二）探究内容选择的范围

探究的内容一般非常具体，数学学科知识体系是经过抽象概括出来的，而探究的对象则是具体的事例。探究内容可能来自社会、科学知识乃至学生自身。提出的探究内容的选择范围包括：

第一，教科书。教科书是学科知识体系的精选，也是教师最方便的源泉，具有一定的可操作性。

第二，社会生活问题。即选择社会生活中的现象、问题进行探究。

第三，学生自身的发现。

（三）探究内容选择的依据

第一，探究目标。从以下方面决定其内容的选择：一是知识目标决定探究内容选择的范围，即只能在这个知识体系内选择具有代表性的事例进行探究。二是技能目标决定探究内容选取的角度。三是态度目标决定探究内容的呈现方式。

第二，学生学习的准备情况和学习特征。学习准备情况决定了探究内容的难度系数。学生的学习特征则为探究内容的具体形式，抽象或是形象、概括程度或具体程度等提出了要求。

（四）探究内容选择的原则

1. 适度的原则

这里的适度，一方面是指工作量上的适度。在每一次探究中，一般要选择只含一个中心问题的内容，进行一次探究循环过程即可解决问题。适度的原则更主要的是指难度上的适宜。探究内容难度确定的理论依据之一就是"最近发展区"理论。在一般情况下，探究问题的解决所需的能力应在学生的最近发展区之内，对这样的难度水平的问题学生通过努力可以解决。适宜的难度要求探究的内容具有适度的不确定性，其变量的多少要以学生能够掌握和控制为限度，过多的变量使学生产生过多的疑惑。

2. 引起兴趣的原则

学生主体性得以发挥的前提条件之一便是具备内在动机，因此，以学生发挥主体作用为特征的探究教学，必须能充分激发学生的内在动机，探究的内容即肩负着这样的使命。可以这样讲，学生对探究内容的兴趣是探究活动进行下去的动力源泉。什么样的内容才能引起学生的兴趣呢？

第一，能够满足学生现实需要的内容才能引起学生兴趣。这也是当代科学教育把目光转向学生生活、选择切合学生实际内容的原因之一。

第二，对于超越常规但也在情理之中的问题，学生也会感兴趣，因为这样的问题能够激发学生了解的欲望。

第三，对于具有一定难度的问题学生感兴趣。学生有一种天生的好奇倾向，喜欢探索未知世界，喜欢探究问题的答案。随着问题的解决，学生的好奇心得到了满足，也同时感受到了成就感，这些成为学生进一步探究的动力所在。

3. 可操作性的原则

探究教学的特征决定着探究内容应具有可操作性，即探究内容是可以通过有步骤的探究活动得到答案的问题。这里主要有两条标准。

第一，探究的结果与某些变量之间具有因果关系，而因果联系通过演绎推理是可以成立的。

第二，这种因果联系在现有条件下可以通过探究活动而证明。所谓现有条件，一方面是指现有的物质条件，如学习材料、实验设备等；另一方面指学生已有的知识准备、技能准备等。

（五）探究性学习的一般步骤

1. 选择问题

从问题情境中发现的问题可能很多，因此要对问题进行选择，从而确定合适的问题进行探究。选择问题应遵循以下五个原则：

（1）科学性原则

这里讲的科学性有两层含义：

第一，指所选择的问题要有利于充分利用学科课程中所学到的科学知识来解决所提出问题。

第二，指所选择的问题本身要有科学性，即有一定的可研究价值，对那些已经被实践证明是错误的问题没有必要再加以探究。

（2）因地制宜原则

选择问题要从学生的认知水平和所处的具体环境出发，不能脱离主客观条件盲目选题。也就是说，选择问题要充分考虑当地的人文环境、自然环境和现实的生产生活，学生身边发现需要研究和解决的问题；还要考虑学校的软件硬件、学生的学习情况和动手能力等。只有做到因地制宜、因人而异，才能使探究性学习顺利地进行。

（3）可操作性原则

所选择的问题要具有可操作性，即选择问题要适合自己的实际，通过自己的努力能够解决。

（4）实效性原则

第一，指学生所选择的问题应该尽可能与自己所学到的知识挂钩，取得学习的实效。

第二，指学生选择问题应从自己的实际生活出发，去发现生活中需要解决的问题，通过探究活动取得实效。

（5）前瞻性原则

探究性学习要引导学生关注未来，促进学生关注科学技术的最新发展，触及科学的前沿问题。前瞻性原则是让学生关注未来，让探究专题成为新信息的载体。

2. 提出假说

提出假说是科学研究的重要环节。提出假说必须规范化。即要做到：

第一，所建立的假说要具有解释性，假说不应该与已知的经检验的事实和科学理论相矛盾。

第二，在假说中，应该有两个或更多的变量，对自变量和因变量的关系应做出明确的预测性表述。

第三，假说必须是可操作、可检验的。

第四，假说在表述上是简明、精确的。

3. 实施探究

实施探究是探究性学习的中心环节，在这一阶段学生开始着手收集与问题相关的信息，教师应该给予必要帮助和指导。

第一，在收集和筛选信息的方法上，指导学生多渠道收集信息，如：观察、试验、调查、测量和上网等途径。

第二，教师需要鼓励学生与他人合作，以更多地获得他人的帮助。学生在完成各自信息收集工作之后，利用新信息重新审视问题，通过质疑、交流、研讨、合作来解决问题，教师要参与到他们的讨论中去，给予及时的指导。

4. 解释结论

学生在前一阶段实证的基础上，根据逻辑关系的推理，找到问题的症结，对其中的因果关系形成自己的解释。在解释阶段，学习重点是将新旧知识联结起来，在旧知识的基础上，将实证探究所得纳入到原有的知识结构中，形成新的理解和解释。通过对探究中所得的数据处理、信息整合，即经过比较分析和抽象归纳，得出科学的解释和正确的结论。通过理性思维，进一步强化科学的学习方法和良好的学习习惯。

5. 评价反思

获得科学的解释后，师生还应对整个探究性学习过程进行全面总结评价。总结评价可采取口头或书面的形式，可采用自评和互评相结合的方式，取长补短，体验探究的乐趣，养成良好的学习习惯，形成科学的学习方法。总结评价阶段，师生间要重视以下问题：有关的证据是否支持提出的解释？解释是否足以回答提出的问题？从理论指导到解释的推理过程是否对解释的理由与结论进行修正？总结可以深化对问题的理解，还可以发现新的问题，启动新一轮探究，使探究性学习向纵深发展。

（六）探究性学习的基本方式

一般来说，相对于封闭性数学问题而言，探究性数学问题的形式是多种多样的。简单地加以描述，具有以下的一些特征：

第一，给出了条件，但没有明确的结论，或结论是不确定的。

第二，给出了结论，但没有给出或没有全部给出应具备的条件。

第三，先提出特殊情况进行研究，再要求归纳、猜测和确定一般结论。先对某一给定条件和结论的问题进行研究，再探讨改变条件时其结论相应发生的变化，或改变结论时其条件相应发生的变化。探究性问题更具有问题的开放性、整合性、趣味性，知识的综合性、应用性、实践性，师生间的互动性、协作性、民主性，学生能力的展现性、发展性、创新性等特点。通过探究性数学问题的解题活动，不仅可以促进数学知识和数学方法的巩固和掌握，而且有利于各方面能力的整体发展。

1. 问题讨论式

问题讨论式探究学习，就是围绕问题的解决展开探究。其一般程序是：从特定的问题情境出发，学生自主发现、提出、选择问题→自主探究、解决问题→发现新问题→解决新问题→得出多个结论。这样增强了学生学习数学的兴趣，让学生体验和感受数学与现实世界的密切联系，体会数学的应用价值，培养数学的应用意识，从而增强学生对数学的理解和应用数学的信心。另外，使学生在明确数学知识的发生、发展全过程的同时，获得适应未来社会生活和进一步发展所必需的基本数学知识（包括数学事实和数学活动经验）以及基本的思想方法和必要的应用技能。以探究性问题的引入、探索和解决为载体，使学生学会运用数学的思维方式观察、分析现实社会，解决日常生活中的实际问题，从而形成勇于探索、勇于创新的科学精神。

在数学课堂教学中，既要牢牢把握新教材所提供的范例，更应该做生活的有心人，对于那些现实背景素材不够完整和丰富的数学知识和内容，更应适当地选取生活化的实例创设探究性问题情境，引入新知，从而激发学生学习和探究的兴趣。

2. 以教材中的数学问题为基础设计探究性问题，注重对课本创造性地开发使用

创造性地使用教材是新课程对教师提出的新要求。只要是有利于学生的学习，教师完全可以对教材的内容进行调整、增补或改编，这也是教师应具备的基本功。教师需要结合学生接受的实际情况有针对性、有计划性的增补、改编或选取一些有现实意义、有实际背景、有利于学生探究的问题。按照这种方式开展活动，可使学生受到如何将实际问题数学化、抽象为数学问题的训练。

3. 借助实践探索活动设计探究性问题、培养学生的应用意识和数学建模能力

第一，实验探索式探究学习。此探究学习就是借助实验、调查等手段来解决未知问题，其一般程序是：针对要解决的问题→设计实验→实验操作（或不直接操作）→分析实验数据（或预设实验结果）→得出结论。

第二，数学实践活动又可分为课内和课外两部分。也就是让学生在各种各样的操作探究、体验活动中去参与知识的生成过程、发展过程，主动地发现知识，体会数学知识的来龙去脉，从而培养学生主动获取知识的能力。数学课程标准要求重视从学生的生活经验和情景高职习和理解数学。所以要充分利用好手中的教材开展好课堂内的数学实践、探究活动。在教材中已安排了很多实践性、探究性的问题。

在这些实践、探究活动中，要让学生全员参与、人人动手，做好剪纸、拼图和各项活动，在教师的指导下，折一折、摆一摆、拼一拼，然后构图，建立模型，从而发现问题和解决问题。学生在实践探索中手脑并用，通过一折、一摆、一拼、一画，不但费时不多，而且还构造了各种模型，实践活动富于情趣，形象、直观、生动，不失为培养学生创新能力的重要途径，应予以重视、发掘，并向课外延伸。

通过教学告诉学生数学与周围的现实具有广泛的联系，要求他们在学习数学的同时主动去观察这些联系，培养自己的分析能力和创造性能力。所以在课堂以外教师也要有计划、有组织地安排好数学实践探究活动。例如，在学习相似三角形的知识时，教师结合教材内容设计实际测量活动，把学生带到学校的操场上让学生分组设计各自不同的方案来测量旗杆或树的高度。实际测量活动给学生提供一个广阔的活动空间，学生自己去观察，提出假设方案，测量建模、讨论解决，再返回到教材中去解决相应的问题，这样能将数学知识学以致用，使学生充分感受到数学知识与实际生活紧密相连，有利于培养学生用数学眼光看待现实问题的能力和意识。

4. 借助学科知识间的整合设计探究性问题，培养学生的综合能力和创新能力，提高学生的综合素质

随着现代科学技术的发展，数学敞开了自己沉睡于定性分析的科学大门，同时也促进了各学科的数学化趋势。

这些都需要数学教师注意学科间的渗透和整合，注意数学知识在相关学科领域的工具作用，在高职数学活动中，应注重适时选取其他学科的应用问题。利用数学工具，解决其他学科的问题，这对于培养学生的能力、提高学生的素质是非常有帮助的。

探索是数学发现的先导，培养创新精神和创造能力是素质教育的核心。所以重视探究性数学问题的研究和实践，是促进数学发展的需要，是创新型人才成长的需要。教师应有滴水见海的视野，全方位地去钻研开发教材并创造性地使用教材来设计探究性数学问题，做到遵循教材，立足教材，才能真正做到用教材，这样才能使固化而散见的知识熠熠生辉，使知识的源头尤如活水奔腾不息，使学生由单一的学知识转变为因学习而会学习，进而达到教育目的。

（七）探究性学习对教师的要求

实施探究性学习，对教师的观念系统和角色行为提出了新的要求，要求教师必须做到以下几方面：

1. 转变观念

要迎接探究性学习的挑战，教师必须转变观念，树立全新的教育教学理念。

第一，转变学生观。探究性学习强调全员参与，按此要求必须面向全体学生，关注学生的整体发展。

第二，转变师生关系观。在探究性学习中，教师作为一个指导者，必须从以往那种唯师是从的师生关系观转变为相互尊重、相互信任的民主、平等的新型师生关系观。

第三，树立理性的教师权威观。这一权威来自教师谦虚进取的精神特质、严谨务实的科学态度和不断创新的人格魅力。

第四，树立新的教学观。教师应该在教学过程中，积极采取新的方法来指导学生完成学习任务，关注学生的自主探索和合作研究。

2. 发展能力

教师在转变观念的同时，也要在自身的角色能力上有所突破。首先是在处理教材的能力上，教师应在更高的层次以更宽的视野来把握教材，并根据探究性学习和学生发展的需要，对教材所呈现的内容进行再构思和再处理。其次是在指导能力上，教师应该成为学生探究性学习活动富有艺术性的指导者，为学生提供探究和发现的真实情境，并指导学生进行科学加工。不断对自己的教学实践进行反思，在反思中提高和完善自己。最后是在信息处理能力上，教师要能熟练地在网络载体中获取信息，并有效地应用到教学实践中去，指导学生搞好探究性学习。

3. 改进方法

教师要不断改进教法，善于引导学生发现问题和提出问题，结合学习内容开展专题讲座，探索新的评价方法；要始终贯彻学法指导，帮助学生树立正确的学习目标，在与学生合作中，指导学生积极地自我反思，不断提高其行为意识。

4. 充实知识

教师首先要在自己的专业知识上下功夫，除了教科书所涉及知识之外，需要不断丰富拓展；教师还要有多元化的知识结构，当前学科综合化的趋势已显端倪，探究性学习涉及广泛的学科内容和知识，教师要真正承担起指导者的身份，就必须有深厚的知识基础和多元的知识背景；教师还要对探究的方法有一个系统且明了的把握，才能在帮助学生进行探究过程中把握正确的探究方向，引导学生不断深入。

教师只有在观念、能力、方法上实现全方位的转变，才能适应培养学生创新精神和实践能力的需要。

（八）探究性学习对学生的要求：学生是探究性学习的主体

探究性学习能否有序有效地进行，取决于学生主体参与的水平和精力投入的程度。为此，教师必须指导学生学会观察提问，学会处理信息，学会交往合作，学会总结评价。

1. 学会观察提问

善于观察是探究性学习的前提条件。敏锐的观察力不是生来就有的，需要掌握一定的方法和技巧，才能在实践中逐渐形成。要明确任务、调准方向、理清顺序、边看边想、随机记录，这样才能达到理想的观察效果。

2. 学会处理信息

实施探究性学习，学生必须学会处理信息。处理信息主要包括两方面的内容：一是收集和整理资料；二是采集和处理数据。

3. 学会交往合作

（1）学会参与

在确定了探究的课题后，应指导学生积极投入到各项探究环节中，收集信息，整合处理，以期得出结论。参与了才有体验，参与了才能与他人交往，达成共识。

（2）学会协调

一个有序的组织，即使是几个人（哪怕是两个人）组成的探究性学习小组，要想有效地开展工作，就必须建立起稳定而科学的协调机制。合作的第一关键是建立共识，形成向心力，即大家为了同一个目标自愿组织在一起，立志为实现目标而付出自己的努力。合作的第二关键是合理分工，在小组内人人有事干，事事有人干。分工明确，责任到位，各人体现出最优秀的一面，在小组内发挥特长。

（3）学会联络

人际交往有主动、被动、互动等形式。在探究性学习活动中，教师指导学生争取主动，对同学、对教师、对有关协作单位等都要主动联络。这需要热情，也需要技巧。

（4）学会理解

在交流与合作中，相互信任和理解是愉快合作的基础。要学会与多种性格的人打交道，要保证一种健康积极的心理状态，这样才能在合作中达到双赢的效果。

4. 学会总结评价

学会总结评价也是探究性学习过程中的一个重要环节。总结评价活动必须重视对过程的总结评价和在过程中进行总结评价，重视在学习过程中的自我总结评价和自我改进。

第一，总结评价学习态度。包括能否主动地提出研究设想和建议，能否积极合作，能否积极地征求、听取、采纳他人的合理建议等。

第二，总结评价研究能力和创新精神。探究活动中是否有怀疑的态度，能否及时地发现问题，提出问题；是否能对问题及时进行分析；是否能对问题的解决提出基本的设想和方案；是否能充分运用自己已有的技能来解决问题；是否能用多种方法来解决问题等。

第三，总结评价探究过程的规范性。在探究过程的开始是否善于观察，发现并提出问题；是否提出了尽可能多的假设；设计的方案是否相对科学且具有可操作性；是否能反映出研究的价值和意义等。

第七节　合作学习模式的运用

一、合作学习的意义

小组合作学习是课堂教学中应用得最多的学习方式。它是一种以合作学习小组为基本形式，系统利用各因素之间的互动，以团体成绩为评价标准，共同达成教学目标的教学组织形式。其实质是提高学习效率，培养学生良好的合作品质和学习习惯。

合作学习有利于营造一个良好的探究氛围，使学生更加积极参与到同学之间的交流探究之中。合作学习可以培养学生的探索精神及合作竞争意识，又有利于学生养成良好的学习习惯，能使不同层次的学生得到相应的发展。学生在合作交流互相帮助中，实现学习的优势互补，增强学习意识，提高交流能力。

（一）以要求人人都能进步为教学宗旨

合作学习努力为学生营造一个心理自由和安全的学习环境。学生在学习的过程中呼吸着自由的空气，体验着自我的价值，感悟着做人的尊严。良好的心理体验焕发着学生的学习兴趣，小组的学习方式实现了学生心理的互补，新型的评价制度激活了学生的学习潜能。因此，合作学习实现了教学真正意义上的全面丰收，促进发展的功能。

（二）倡导人人为我，我为人人的学习理念

合作学习的过程是一种团队意识引导下的集体学习方式，学习过程中的分工与协作、学习结果以小组成绩作为评价依据的方法，使学生强烈地意识到相互依存、荣辱与共。因此，合作学习使学习过程建立在相互合作、群体竞争的基础上，有效地形成了学生的合作意识和个体责任感。

（三）培养学生的合作互助意识，形成学习与交往的合作技能

在合作学习过程中，学生对学习内容不但要自我解读、自我理解，而且要学会表述、学会倾听、学会询问、学会赞扬、学会支持、学会说服和学会采纳，等等。因此，合作学习不仅能够满足学生学习和交往的需要，更有助于形成学生学习和交往的技能，促进学生学习能力和生活能力的发展。正因为这样，合作学习体现了教育的时代意义，实现了教育的享用功能，即为学生在未来社会中能自由地享受生活和建设生活奠定基础。

合作学习不仅强调学生认知方面的发展，而且强调学生学习过程中的情意发展，追求学生完整人格的全面形成，真正体现了教育的教育功能、发展功能和享用功能。

二、合作学习的类型和方式

合作学习作为一种行之有效的教育实践，备受关注，发展迅速。可以把合作学习主要分为两种类型：相同内容的合作学习与不同内容的合作学习。

（一）相同内容的合作学习

第一，相同内容的合作学习是指全班学生以小组为单位，学习相同教学内容，共同完成学习任务的学习方式。它主要适用于学习任务比较单一的教学活动。其一般操作方式如下：

①学习前的准备。包括让全体学生明确学习目标；学生分组；为每个小组、每个学生准备并提供学习材料。

②进行合作学习。学生在进行合作学习时，教师应当参与学生的学习过程，这种参与主要表现为观察、倾听、介入和分享。

③进行学习总结与评价。

第二，相同内容合作学习的实施要求。这种类型的合作学习在实践中运用较多。

（二）不同内容的合作学习

第一，不同内容的合作学习是指教师把某一内容的教学任务分解为几个子任务并设计与之对应的学习材料，学习小组的每个学生负责学习其中的一个材料以完成相应的任务，然后把各小组中学习相同材料的同学组合起来，进行合作学习以求熟练掌握。随后学生重新回到自己所属小组，分别将自己所掌握的内容与小组同学交流。在第二次合作的基础上，学生全面完成教学任务。学习结束后组织评价，以检查学生对学习任务的完成情况。

这种类型的合作学习适用于任何学科、任何学段的学习。它的显著优点是：小组内的每个学生都获得了一项独特的任务，产生相应的学习责任，最大限度地投入到学习活动之中。

第二，不同内容合作学习的实施要求。

①采取措施，提升个人责任。在不同内容的合作学习过程中，学生的责任意识显得非常重要。因为学习任务的全面完成是通过给予和索取实现的，它首先需要学生尽责尽力。

②指导方法，形成合作技能。在不同内容的合作学习过程中，学生能否有效地完成学习任务，不仅取决于学生的个人责任，而且取决于学生的合作技能。这种学习任务的完成需要依赖其他同学提供信息，因此学生是否善于传达信息，是否善于接受信息，是否善于求助、善于解释等，直接影响着学习的效果，教师应当加强这些方面的指导。在合作学习过程中，学生一般比较重视自己的介绍，笔记的方式可以迫使学生关注别人的学习成果，有助于学习任务的全面完成。

③提供帮助，确保学习效果。在很多时候，学生的合作学习都会存在一定的困难和问题，合作学习效果的保证离不开教师的帮助。这种帮助主要表现在两个时段：一是首轮合作学习时，为了确保每个学生都能形成某一方面的认知，并能有效表达，教师既要参与学生讨论，给予必要的启发引导，又应该关注基础和表达能力较差的同学，并采取有效措施，保证他们的学习所得和语言表达机会。二是在学习结束前，教师应该借助一些具体手段帮助学生形成这部分内容的知识结构，学生凭借他人介绍所得到的知识几乎都是零散的，只有对零散的知识进行系统化整理，才能保证学生学习的有效性。

第三，不同内容合作学习开展的一个重要条件。不同内容合作学习开展的一个重要条件是学习内容的选择。一般情况下，这种学习内容不是现成的书本知识，而是教师根据课程标准和教材规定所编写的具有可学习特征的材料。

三、科学划分合作小组

在合作学习过程中，期望所有学生都能进行有效的沟通，所有的学生（尤其是学习有困难的学生）都能有收获，所有的小组都能公平竞争，以此促进学生个体和集体的同步发展。因此，在分组的时候不能随意性太强，而应当采用组内异质、组间同质的方法，科学地划分合作学习小组，是十分策略而可行的。所谓组内异质，就是把学习成绩、综合能力、性别、性格、家庭背景等方面不同的学生分在一个小组之内，使小组内学生之间在上述方面合理搭配，他们是不同却又是互补的。而由于异质分组，就使每一个小组之间在各方面都比较均衡，做到了组间同质。这样的分组，既便于学生之间的互相学习与帮助，也为每一个小组站在同一条起跑线上进行公平竞争打下基础。同时，在分组的时候，原则上不允许学生自由选择本组成员，以防止出现组内同质的现象。小组的规模可根据学生的具体情况而决定，一般情况下不宜过大，否则不可能确保每一个学生都能进行有效的沟通与交流。

四、明确合作学习的任务及内容

由于合作学习其实质是以教学目标为导向的学习形式，所以要紧紧地围绕教学目标选择合作学习内容。同时，也要优选合作学习内容，对活动内容的必要性和可行性进行周密的设计与思考，也必须选择适合多人进行合作的学习活动，内容的容量不能太小，其难度要适中，这样既有合作价值，又能激发学生的学习兴趣。

要想学生有效地合作学习，每个合作学习小组应当有明确的小组任务，合作学习小组内部应当根据小组任务进行适当的分工，让每个小组成员有明确的个人任务。另外，合作学习的任务一定要适合学生合作学习。合作学习的任务应当具有一定的难度，具有合作学习的价值，一般学生通过自主学习无法完成或无法较好地完成，而合作学习小组通过相互配合、相互帮助、相互讨论、相互交流能够完成或更好地完成。如果学习的任务太简单，或者学习的任务更适合学生自主学习，就完全没有合作学习的必要。

第一，教材的重点、难点内容。在每节数学课的教学中，总有需要重点解决的问题，这些问题都是值得合作讨论的。

第二，实践操作的内容。新课程数学教材中学生通过的参与实践动手操作、展开讨论，每个组员发表自己的看法，充分体现组员在学习活动中的主体作用，学生能够主动地获取知识。通过操作探究，学生学会学习方法，掌握数学知识，也形成动手操作能力。

第三，解决问题的关键处。它是数学教学中解决问题的突破口，如果组织学生通过合作学习，能够促进问题的顺利解决。

第四，寻找解决问题方法处。学生解决问题的速度和方法会因学生思维能力的差异或思考问题的角度不同而有所不同。如果在教学过程中组织学生在寻找解决问题方法处进行讨论，他们就能够在讨论中相互之间得到启发，就能够比较顺利地寻找出各种解决问题的方法，或进一步寻找出比较好的解决问题的方法。

第五，开放性的训练题。

①判断正误、加深理解的训练。数学基础知识，必须让学生在理解的基础上学好，而不是靠读上数遍去死记硬背。因此可进行一些判断的训练，通过小组合作学习，说明判断的理由，使学生在澄清认识上的模糊之处后，加深对知识的理解，达到逐步掌握知识的目的。

②对容易混淆的内容加强思辨的训练。数学知识中有一些容易混淆的内容，可以将它们编在一起，通过小组合作讨论，对其进行比较辨析，以形成正确清晰的认识。

③求异创新、发散思维的训练。小组学习建立在学生独立思考的基础上，又有提供共同学习的条件，对扩展学生思路，找到一题多种解法、多种解题策略，以及对培养学生创新思维十分有益。

五、把握合作学习的时机

一般说来，开展合作学习应当把握这样几个时机：

第一，当学生在自主学习的基础上产生了合作学习的愿望的时候。但由于个性差异，在自主学习过程中，学生对于知识的理解是不一样的。因此，在学生自学完了以后，教师要留一定的时间，让学生针对自学过程中所遇到的问题相互交流、互相切磋。

第二，当一定数量的学生在学习上遇到疑难问题，通过个人努力无法解决的时候。教师宜采用抛错式教学策略，把问题放到小组内，让学生合作交流、相互启发。

第三，当需要把学生的自主学习引向深入的时候。

第四，当学生的思路不开阔，需要相互启发的时候。

第五，当学生的意见出现较大分歧，需要共同探讨的时候。学生出现意见不统一时，采用小组合作学习，在组内冷静地思考，理智地分析，有利于培养学生良好的思维品质。

第六，当学习任务较大，需要分工协作的时候。学生的思维往往是不够周密的，涉及知识点较多，或需从多方面说明问题，采用合作学习方式，让学生通过讨论得出完整答案，对学生思维的发展是有益的。

第七，突出重点、突破难点及揭示规律性知识时进行合作。教学内容有主次之分，课堂教学必须集中主要精力解决重要问题。围绕重点内容的得出展开合作交流，往往能使学生对知识产生刻骨铭心的记忆。针对一些抽象的概念、规律设计一些讨论题，可以使学生对问题的认识更为生动、具体，从而使知识成为思维的必然结果。小组合作能有效地激发学生探究的兴趣，使学生最大限度地参与到知识的形成过程中，在学生交流中相互补充、相互配合，加深对知识的理解，并从中培养学生观察、抽象、概括的能力。

第八，出现易混淆的概念时合作。这样不仅有利于学生辨清知识的异同点，而且能培养学生对知识的鉴别能力。

第九，新旧知识迁移时运用合作交流。不少知识在内容或形式上有相似之处，若能使学生将已经掌握的旧知识或思维方式迁移到新知识上去，学生更具有探究新知的欲望。此时，如果设置几个问题让学生去交流，可驱动学生的思维并锻炼思维的灵活性。

第十，解决探究型问题时运用合作交流。探究型问题的难度较大，不通过合作学习难以完成或者得不到比较完整的结果。这时候学生迫切希望得到协作，此时安排合作学习，学生定会全身心地投入。

第十一，矫正错误时运用合作交流。教学中难免有学生对某些知识的理解产生偏差，此时若能抓住这类具有普遍性的问题组织交流，然后有针对性地矫正错误，往往会收到事半功倍的效果。

第十二，答案多样性时进行合作学习。教学中，常会遇到学生在解答习题时，出现多种答案且争执不下，这时教师可以板书出各种答案，组织学生小组合作讨论，让每个学生在组内发表意见，对答案逐个分析，求得一致的结果。对一些开放性题目也可在组内合作讨论。

第十三，操作实验、探索问题时进行合作学习。在操作实验，探索问题时进行合作学习，不仅能够帮助学生通过动手操作、亲知亲闻、亲自体验知识产生的过程，提高解决问题的能力，而且能够在实验操作的分工合作中培养学生的协调能力、责任意识和合作精神，并且使他们懂得如何在群体中规范自我、最大限度地体现自身的价值。

合作学习的价值在于通过合作，实现学生间的优势互补，都有机会对事实做清晰、准确的表述，促进重新调整自己的思维方式。教师要根据教材的内容把握好合作的时机，这样才能收到事半功倍的效果。

六、加强合作学习的指导和掌握

在合作学习的背景下，教师的角色是合作者。教师应当积极主动地参与到不同的合作学习小组的学习活动中去，指导学生的合作学习，全面掌握学生的合作学习。教师的指导主要包括合作技巧的指导和学习困难的指导两个方面。合作技巧的指导，主要是指导合作学习小组如何分配学习任务、如何分配学习角色，指导小组成员如何向同伴提问、如何辅导同伴，指导小组成员学会倾听同伴的发言、学会共同讨论、学会相互交流，协调分歧、归纳观点。学习困难的指导，是指当合作学习小组遇到学习困难时，教师适时地点拨、引导，提供必要的帮助。

（一）学生合作学习行为的产生

人的任何行为都是在特定环境中出现的，合作学习的行为也不例外。由于历史传统和现实的原因，高职学生在学习中很少有合作行为的发生。由此看来，诱发学生的合作行为对于教师而言是一项非常重要的工作。就一般情况而言，以下三个方面的工作是必需的。

1. 改变课堂的空间形式

在传统课堂上，学生很少有合作行为，其中一个很重要的原因在于课堂的空间形式。秧田式的座位方式，使学生彼此之间没有合作的可能，即使有合作行为的出现，充其量也只是一种师生之间的合作，是学生为了配合教师而采取的一种学习行为，学生基本上是被动的。在当前合作学习的实践中，人们强调学生学习行为的主动性，强调人与人之间的互动，同时把互动的中心更多地聚集于学生与学生之间，如此看来，改变课堂的空间形式非常必要。它改变了课堂空间的形式，形成学生之间的目光、语言交流，为合作行为的产生提供可能。

根据实际教学需要，可以把课堂设计成以下几种形式：

第一，会晤形，即同学面对面而坐，用于2人或4人的学习小组。

第二，马蹄形，即在一马蹄形空间中，学生围坐三边，开口朝前，一般用于3~6人的学习小组。

第三，圆桌形，即在一椭圆形的空间中，学生围坐周围，一般用于10人左右（乃至更多人数）的学习小组。

2. 创建能够形成合作的学习小组

学生的合作行为是在小组合作学习的过程中出现的，小组内部的人际关系、合作氛围是制约个体合作行为的关键因素。因此，科学的分组对合作行为的产生是一个非常重要的问题。

第一，小组规模。社会心理学的研究表明，复杂的关系容易对人形成压力。所以一般情况下小组规模不宜过大，以4~6人为宜。

第二，小组构成。实践证明，小组构成应该遵循组内异质、组间同质的原则，这样建构小组至少有两个优点：一是同组同学之间能够相互帮助、相互支持，二是不同小组的学习可以比较，形成竞争。教师按此原则组合学生时，应充分了解和研究学生，既要努力做到组与组之间的平衡，又要兼顾组内同学彼此之间的可接受性。

第三，任务分配。合作学习需要全体成员的共同努力，在学习内容和学习结果上组员之间有着很强的相互依赖性。因此所分配的学习任务，使每个学生既要对自己所学的部分全力以赴，又要依靠小组其他同学的帮助完成自己未学部分的学习任务（如不同内容的合作学习），这种做法保证了全班每个学生的积极投入，从而保证了学习资源的充分利用。

3. 精心设计合作行为教学活动

在改变了学生的座位形式和科学分组的前提下，教师对教学活动的精心设计是诱发学生合作学习行为的关键因素。它主要表现为教材加工、活动组织和学习评价三个方面。

第一，教材加工。教材加工是教师教育实践能力的一个重要内容。在传统教学中，教师对教材的加工主要是按照系统性的要求进行操作，而在合作学习中，教师对教材的加工主要表现为对教材现有知识的改造。这种改造工作是一种知识的还原工作，也就是把教材中的结论性知识改造成能够得出这一结论的、具有可学习特征的材料，这种可学习特征的教材如果能引发学生好奇、贴近学生经验、落在学生最近发展区附近，那么学生学习的意识就能被唤醒，合作的需求就会被激发，合作行为的产生也就有了可能。

第二，活动组织。在课前的教学设计中，教师应该把设计重点放在激发学生的合作心愿（动力）和组织学生的学习活动上。

第三，学习评价。评价在教育过程中具有重要作用，运用适当的评价能产生积极的激励作用，使评价真正发挥其应有的教育功能。

（二）学生合作行为的指导

1. 养成良好的倾听习惯

所谓倾听，是指细心地听取。合作学习要求学生耐心聆听其他同学的发言，所以教师要加强学生倾听行为的培养。良好倾听行为的养成，应注意抓好四个方面。

第一，指导学生专心地听别人发言。要求学生听别人发言时，眼睛注视对方，并且要用微笑、点头等方式给对方以积极的暗示。

第二，指导学生努力听懂别人的发言。要求学生边听边想，记住（笔录）要点。

第三，指导学生尊重别人的发言。要求学生不随便打断别人的发言，有不同意见必须等别人讲完后再提出来；听取别人发言时，如果有疑问需要请对方解释说明。

第四，指导学生学会体察。逐步要求学生站在对方的角度思考问题，体会看法和感受。

2. 养成良好的表达习惯

表达即表示，主要依靠语言，也可以使用其他辅助形式。合作学习需要学生向别人发表意见、提供事实、解释问题等，学生能否很好地表达直接影响着别人能否有效地获取。教师主要从以下三方面给学生提供帮助：

第一，培养学生先准备后发言的习惯。要求学生在发言前认真思考，能够围绕中心有条理地表述，必要时可以做一些书面准备。

第二，培养学生表白的能力。要求学生在阐述自己的思想时，能借助解释的方式说明自己的意思。实践证明，提供解释的效果远远超出简单证明。

第三，指导学生运用辅助手段强化口语效果。在很多时候，学生会有词不达意的现象，因此，教师应该指导学生运用面部表情、身体动作、图示或表演等手段来克服口语的乏力。

3. 养成良好的支持与扩充习惯

支持即鼓励和赞助，扩充也就是进一步充实。合作学习的一个显著特征就是合作伙伴之间相互帮助、相互支持，教师应当帮助学生学会对别人的意见表示支持，并能进一步扩充。

第一，运用口头语言表示支持。教师要指导学生运用能给人以鼓舞的口头语言。

第二，运用肢体语言表示支持。教师要注意帮助学生学会运用头部语言、手势语言等对同伴进行鼓励，如点头、微笑、会意的眼神、竖大拇指和击掌等。

第三，在对别人的意见表示支持的基础上，能对别人的意见进行复述和补充。

4. 养成良好的求助和帮助习惯

合作学习过程中，信息的交流主要是在学生之间发生的，学习任务的完成通常也是在同学间相互磋商的基础上达成的。因此，教师应该培养学生形成良好的求助和帮助的行为。

5. 养成良好的建议和接纳习惯

在合作学习过程中，良好的建议和接纳行为是不可忽视的，教师要注意帮助学生克服从众心理，培养学生的批判意识。

第一，鼓励学生独立思考，大胆且有礼貌地向对方提出自己的不同看法。

第二，要求学生虚心听取别人意见，并且能够修正或完善自己的思想。

第三，鼓励学生能勇于承认自己的错误，并且能够支持与自己意见不同或相反的同学的正确认识。

七、教给学生合作学习的方法，形成良好的习惯

学生要学会中心发言，语言流畅清楚，尽量说服其他组的同学；要学会倾听，听清他人与自己不同之处，听懂与众不同的见解；学会质疑、反驳对别人的发言不能听而不想，善于提出自己的疑问，运用知识、经验反驳；学会更正、补充，学会求同存异，合作讨论的过程就是明辨是非的过程。

八、合理评价合作学习，调动参与学习的积极性

如果教师适时合理地对合作学习进行评价，有利于调动学生学习的主动性、积极性。在合作学习中，如果一个学生提一个有质量的问题、一次精彩的发言、一次成功

的操作，得到组内其他成员认可，得到教师的赞许，将再次激起他探索求知的欲望，使学生体会到合作学习的快乐，给学生创造了主动发展的机会。一次认可也是一次成功，成功可使学生产生自信、自我肯定等一系列良好情绪情感体验。合作学习的教学评价有以下特征：

第一，学习过程评价与学习结果评价相结合，侧重于学习过程的评价。

第二，对合作小组集体的评价与对小组成员个人的评价相结合，侧重于对小组集体的评价。评价内容包括小组活动的秩序、组员参与情况、小组汇报水平、合作学习效果等方面。

第五章 有效数学课程的定位

第一节 学生可持续发展对数学的需求

从人类发展的历史看，数学是一切科学技术的重要基础和有力工具。在当今大数据时代，人们更加依赖对各种信息与数据的统计、分析与处理，更加感受到数学知识在高端科技及日常工作与生活中的重要性，数学科学与人类生活的紧密联系使数学教育在各种类型与层次的教育中不可或缺。

职业教育办学要遵循职业教育规律和学生身心发展规律，回归到学生的全面发展和能力培养。要确立发展导向的职业教育观，坚持德技并修、全面发展、服务发展、促进就业的办学方向，以质量发展为核心，让学生能就业，更能就好业，加快推进职业教育现代化。遵循产业发展规律，人才培养要跟着产业升级而升级，坚持多方参与、产教融合、校企合作，将其落实到人才培养过程中，课程教学内容及时反映新知识、新技术、新工艺、新规范。

高等职业教育具有高等教育和职业教育的双重属性，以培养生产、建设、服务和管理第一线的专业技能型高素质专门人才为主要任务。也就是说高等职业教育在高等教育中，类型是职业教育；在职业教育中，层次是高等教育。高教性体现在：高职教育必须具有高等教育的一般属性，注重基本知识、理论和技能，关注受教育者的可持续发展；职教性体现在：重视实践动手能力和分析、解决现场实际问题的能力。因此，在高职人才培养过程中，高等教育属性明确了高职数学课程开设的必要性，而职业教育属性说明高职数学必须面向工作实际、解决实际问题。要培养学生用数学的眼光看世界，数学的思维分析世界、数学的语言诠释世界的能力。高职数学最重要的作用是培养学生的逻辑思维能力、创新能力、应用能力，培养学生分析问题、解决问题的方法，全面提高学生的综合素质和能力。即职业教育在满足学生可持续发展要求与保持高等教育的前提下，应更加关注学生的不同职业能力的提高，更加注重学生的应用能力、再学习能力，更重视学生的创新精神。

在职业教育中，数学是各专业学生必修的一门重要基础理论课程，是各专业人才学好其他专业课程的基础和工具。它为学生学习后继课程奠定了坚实的基础。

第二节 高职数学课程在职业教育中的地位和作用

一、数学是学生学习其他专业课的工具

数学的工具性是显而易见的，在整个职业教育中，数学是很多专业课的基础，如物理学、化学、生物学、医学、工程学和统计学等，它们的基础知识就是数学的微分方程。而数学中的微积分，它的应用更是遍布大多数专业课。此外，微积分的思想和分析方法，也被许多研究领域广泛使用，从质点的运动学到刚体的功和能，从静电场到稳恒磁场都要用到微积分的方法来解决问题。可见，数学已经渗透到人类社会的每一个角落，成为各类人才学习的通用工具和重要思想。

二、作为职业教育的一门数学课程，数学必须承担起数学文化传承和数学素质培养的重任

在高职院校开设数学文化课程，是高职数学教育改革的新理念，是高职数学课程改革的创新，它有利于高职数学教育由数学知识教育转变为数学文化教育、建立起科学素质教育与人文素质教育的通道，有利于数学与人文的交融、提高高职学生的数学素养。高职数学的教与学在三个方面应该得到拓展：一是教学内容从数学知识拓展到数学文化。二是教师教育职责从教书自觉拓展到育人。教师的职责是教书育人，在数学文化教育中，教师将自觉地学习数学文化知识，用数学文化教育和培育人，激发学生对科学的热爱，体验教书育人的成就感。三是学生学习数学从接受数学知识拓展到接受数学文化熏陶。数学文化课程从多元文化的角度切入，为学生提供数学的理性思维，让学生学习和感受数学文化的熏陶，了解数学与人文的交叉、数学与各种文化的关系，体会数学的科学价值、应用价值、人文价值，提高数学素养文化素养和思想素养。

第三节 高职数学课程的定位与有效课堂构建

一、数学是一门人文素质课程

数学是人类文明发展史上理性智慧的精华，数学的文化即它的思想、精神、方法、观点、语言以及它们的形成和发展，是人类文化的重要组成部分，是人类进步所必需的文化素质和修养，在形成人类理性思维和促进个人智力发展的过程中发挥着独特的、

不可替代的作用。作为职业教育的一门数学课程，数学必须承担起数学文化传承和数学素质培养的重任。

（一）高职数学中蕴含的人文精神

数学本质上就蕴含着非常丰富的人文精神，而且高职数学的教学是要讲求教育规律和数学技巧的。要立足文化视野，在课堂中拓展文化育人功能，为此必须重构数学课堂的人文要素。高等数学课堂中的人文要素，就是要具有数学特质的人文精神，具体体现为：

第一，严谨的科学精神。高等数学中蕴含着严谨理性、求实求真、创新超越的科学精神。高等数学来自于实践，数学语言精确，数学结论精准，数学命题、定义、定理、公式等均体现出准确简明、缜密条理、朴实无华的特点，彰显出严谨理性的科学精神。数学的思维方式、精神能使学生养成严谨、求真、诚信的科学态度，有助于培养学生一丝不苟的工作态度和强烈的社会责任感。

第二，哲学的智慧光芒。数学与哲学均产生于人类生产实践活动，二者相互促进，携手发展。可以说，数学知识的形成过程也是哲学思想的发展过程，数学理论体系中无不闪现哲学思想的火花。高职数学中有很多闪耀哲学智慧光芒的人文要素。高等数学是变量数学，其中的定义、定理、归纳演绎、逻辑推理无不打着哲学的烙印。高等数学中还蕴含了大量的辩证唯物主义的生动题材，如在概念方面有常量与变量、有限与无限、离散与连续、精确与近似等；在运算方面有微分与积分、映射与逆映射、收敛与发散等。用辩证唯物主义的观点看待对立与统一之间的转化，不仅能加深对问题的理解，而且有助于提高和发展学生的辩证思维能力，形成运动、转化、联系的意识，从而培养学生的世界观，更好地唤起学生的创新意识，令数学学习更精彩。

第三，坚强的意志品格。高等数学的发展史，历经前人前赴后继的艰辛探索，其中富含数学家的情感意志等人文要素。学生在数学的学习过程中常常会遇到很多困难，每当弄懂一个难点，攻克一道难题，都会使学生产生奋斗、自信和成功的喜悦，逐步形成迎难而上、锲而不舍、坚忍不拔、勇攀高峰的意志品格。

第四，和谐的数学美。进行数学创造的最主要的驱策力是对美的追求。数学是美丽的，从古代到现代，丰富的、精美的数学内容越来越展现出美学的意义。美的内容和信息在高等数学中无处不在。另外，在数学中一个复杂问题的简单解答、一个困难问题的巧妙证明所展示出的抽象美、方法美等，都是值得欣赏并能促进审美能力提升的。

（二）数学应是学习其他专业课的工具课程

数学是刻画自然规律和社会规律的科学语言和有效工具，数学的语言、符号、图像、计算、估计、推理已经渗透到日常生活与公众之中，是分析问题、解决问题的有力工具。

（三）数学是一门职业核心能力课程

就业导向的职业教育既要为人的生存又要为人的发展打下坚实的基础，能力培养就发挥着至关重要的作用。职业能力可分为方法能力、社会能力和专业能力，其中方法能力和社会能力统称为职业核心能力，它是人们职业生涯中除岗位专业能力之外的基本能力，适用于各种职业，是其他能力形成和发生作用的条件，是承载其他能力的基础。基于全面发展的能力观是职业教育的类型特征之一。以人为本、全面发展的职业教育强调获得专业能力，更要强调获得方法能力，尤其要强调获得社会能力。数学课程在培养学生的职业核心能力上有自己的优势。通过这门课程的学习，使学生的数字应用、信息处理、解决问题、自我学习、与人合作、与人交流等职业核心能力得到锻炼和提高。

数学课程在教学中必须注意培养学生如下四方面的能力：

第一，用数学思想、概念、方法消化吸收专业概念和专业原理的能力。

第二，把实际问题转化为数学模型的能力。

第三，求解数学模型的能力。

第四，创造性思维的能力。

培养学生用数学思想、概念、方法消化吸收专业概念和专业原理的能力，必须重视数学概念的教学；培养学生把实际问题转化为数学模型的能力，必须重视数学建模训练；培养学生求解数学模型的能力，必须结合计算机和数学软件包进行数学教学。

（四）要形成具有职业教育特点的数学文化课程

按照现代数学研究，数学文化可以表述为以数学科学为核心，以数学的思想、精神、方法、内容等所辐射的相关文化领域为有机组成部分的一个具有特定功能的动态系统。数学文化研究开展以来，数学的抽象、确定、继承、简洁、统一的文化属性和渗透、传播、应用、预见的功能特征被挖掘出来，数学的艺术性也深深吸引了人们的眼球。然而这只是数学功能的外显式表现。数学文化研究表明，数学的起源、发展、完善和应用的过程对于人类进步产生重大的影响，既包括对于人的观念、思想和思维方式的一种潜移默化的作用，也包括在人类认识和发展数学的过程中体现出的探索精神。逻辑思维是人类特有的精神活动，是人所以能进行逻辑思考的原因，而人的逻辑思维能力的养成与数学有着密切的关系。逻辑思维的过程实际上就是演绎或推理的过程，而演绎推理得以实现的前提是人们在意识中首先形成抽象的概念，即把概念从实体中抽象出来。数学课程目标上以文化人，强调以数学的内容、思想方法、精神来影响学生的思想、观念、行为、态度和精神，实现以数学来育人的目的。从这个意义上讲，数学课程的本质就是数学的历史与发展、思想与精神、知识与技能在教学实践中的再创造。

（五）要发挥课程对数学教师的引领作用

教师是课程改革设计与实施的主体，在课程改革过程中发挥着主导作用，因而，寻求课程对教师的引领是课程功能发挥的有效前提。

第一，数学教师应具有符合职业教育规律、特点和要求的数学观、教育观和科学的课程改革价值取向。

第二，数学教师仅仅改进教学方法是不够的，必须对数学教学内容进行再创造，使之从高度抽象、枯燥呆板的形式中解放出来，走向生活，再现其与人类文明各个方面丰富多彩的联系。

第三，课程对教师的引领作用还体现在教学情境的创设和实践平台的搭建。既要使课程具有丰富的多样性、疑问性和启发性，并且需要达成一种促进探索的课堂气氛，又要使学生有机会实践学习经验所隐含的那种行为。通过理实结合、基于问题的任务驱动等教学模式以及现代教育技术手段的开发利用，将数学文化的建构、传承与发扬，从他组织走向自组织，从而改变人们对数学课程敬而远之的状况。

二、高职数学有效课堂构建

坚定信心，深化教学观念转变，打造有效课堂。要转变传统的教学是教师把知识、技能传授给学生的过程的观念，转变教学局限于教书，课堂局限于讲授，讲授局限于教材的观念，树立教学就是教学生学；教，是为了不教的观念，教学生乐学、会学、学会；其中会学是核心，要会自己学。

（一）成果导向下的有效课堂建设方案

提高人才培养质量是高职院校教育教学改革的终极目标，人才培养工作的最终落脚点在课堂。课堂是教育教学的主战场和主阵地，高职院校要实现课堂革命，必须从课堂教学改革入手，改革课堂教学模式，落实有效教学。以推进有效教学、建设有效课堂为目标，以提高课堂教学质量为核心，优化教学内容，深化教学方式方法改革，实现教学目标有效、教学内容有效、教学方法有效和教学评价有效，促进学生和教师共同发展。

1. 基本原则

（1）坚持成果导向，学生发展为中心

课堂教学改革的出发点和归宿都要落脚到学生的发展上，坚持以学生发展为中心，以学生学习成果为导向检测学生的学习效果和教师的教学效果。学习成果是学生在完成一段时间的学习后，被期望已知已会并能证明的知识、能力和素养。成果有显性成果和隐性成果。显性成果是完成的某个具体项目或作品或方案或实践任务等，隐性成果是养成的情感、态度、素养和价值观等。

（2）坚持整体设计、系统规划

根据学校有效课堂教学改革的总体目标，整体架构教学改革工作的框架思路，遵循教育教学规律、人才成长规律和产业发展规律，将课程建设、课堂教学改革、教师教学能力提升和教学资源建设等整体规划、同步推进。

（3）坚持分步推进与持续改进相结合

突出前瞻性、可行性和协同性，明确有效课堂建设的主要任务和要求，分步、分阶段有序推进，根据有效课堂实施的自身需要，不断反思、总结、改进，切实保障有效课堂教学改革的全面实施，不断提升学校教育教学质量。

2. 主要措施与要求

坚持成果导向，学生中心，持续改进的原则，以提高教师教学能力为本，以提高课堂教学质量为归宿，一切教学行为服务于学生的成长成才，在工作过程中不断反思、总结、改进。按照示范引领、分步推进、稳步实施、整体提高的工作思路，将有效课堂建设的实施分两个阶段进行，具体如下：

（1）优质课堂建设

第一阶段以项目的形式进行优质课堂建设，将通过验收的优质课堂项目视为校级教学改革项目给予经费支持；建设期限为一学期，申报课程为专业人才培养方案现执行的课程。每个项目结题验收时，应提交课程标准修订稿、教学设计详案、电子教案和证明教育教学成效的相关材料（学生成果或作品、学生成绩、教师教学能力竞赛获奖、学生竞赛获奖等）。验收评价内容由提交的材料评价、督导听课评价和学生评价组成。

（2）有效课堂认定

第二阶段由各二级教学院部自行组织有效课堂认证。各二级教学院部根据本实施方案，结合自身实际情况制订有效课堂认证推进计划，以优质课堂验收标准为参照，对本院部管理的所有课程的课堂教学进行有效性认证，确保质量，分批推进。要求各二级教学院部领导及专业带头人、教研室主任率先行动，做出表率。

（二）高职数学有效课堂构建方案

1. 问题驱动教学模式

问题驱动教学就是教育者根据一定的教育目的，以项目案例为基本教学素材，将学习者引入教育实践的情境中，通过师生之间、学生之间的多向互动、平等对话和积极研讨等形式，从而提高学习者面对复杂教育情境的决策能力和行为能力的一系列教学方式的总和。其主要的教学过程为：问题（任务）提出→相关知识的学习→合作完成任务。

2. 准确定位教学目标

高职教育的目标是把学生培养成为具有一定理论知识和较强实践能力，面向基层，面向生产、服务和管理第一线职业岗位的实用型、技能型、创新型专门人才。高职教育是培养有创新能力、创造能力、研发能力的新技术人才，即不仅教会学生使用工具，而且要教会学生对所用的工具进行技术改进、进行创新，使他们有可持续发展能力、再学习的能力。也就是说，培养的人才应该是聪明的劳动者，在这个培养过程中，高职数学的学习对培养学生的上述能力是其他学科无法比拟的。

3. 准确定位教学内容

高职高专的教学理念是必需、够用的原则。所谓必需、够用，不仅是知识上的必需、够用，而且是思维上的必需、够用，方法上的必需、够用，即在除了让学生通过学习获得必需、够用的高职数学知识的同时，还要让学生掌握必需、够用的数学思想方法。

学生学习数学主要是运用数学，运用数学从事各种各样的研究和创新。数学建模与数学实训为数学理论联系实际开创了道路，是培养学生应用数学的意识、提高应用数学的兴趣和能力、培养创新精神和创新能力的一个非常有效的重要途径，是数学教学中的一个重要教学环节。高职数学中包含了许许多多的数学思想、方法，这是其他专业课无法相比的，在培养学生能力上它有得天独厚的优势。因此，它在高等教育中特别在高职教育中是其他学科不能替代的。高职数学在教学中对教师的要求不仅是教学生一些公式、法则、知识点，而且应该教给学生数学家们在解决问题过程中的一些数学思想、数学方法。要把抽象、繁杂的定理、公式用最简单的语言表述出来，使学生更容易理解。在讲解过程中，重点要讲概念形成的背景、过程，以及解决问题过程中用到了哪些数学思想、使用了什么样的方法。通过高职数学的学习，培养学生在学习其他课程的过程中分析问题、解决问题的能力，最终形成学生的终身学习能力。

4. 准确定位教学方法

好的教师不是在教数学，而是如何引导学生学数学。只有当学生通过自己的思考，建立起自己的理念的时候，才是真正学好了数学。在教学过程中的重点，不仅是教一些公式解法，而且是教给学生解决问题的方法。教学的目的是培养具有创新能力的高级人才。好的高职数学教学方法应当是强调学生主动学习的教学方法。从对教学目标与教学内容的定位的分析，确立了以下几种教学方法：

启发讲授式：尽可能模拟数学家的思路，让学生在顺其自然、合情合理的情景下亲历知识的生长过程，弄清概念的来龙去脉，最终回到数学的应用中去。概念课、新课适合采用此方法。

探究式：教师为学生创设积极思考、引申、发挥的空间，促使学生以发明家的身份积极探索，发现问题、提出假设、验证假设，进而自己获取知识，引导学生从未知出发，逐层深入地分析找出需知，逐渐靠拢到已知，从而达到解决问题的目的，并总结规律。这一方法是针对比较熟悉和容易探究的内容，由教师提供素材和问题，让学生研究归纳结论。

自学—讨论—指导式：这种方法是针对学生有一定的知识结构，思想活跃，求新求异，但自学能力差，愿意自学但又不懂自学这一特点采用的方法。自学：以作业方式布置，上课时准备 10 ~ 15 分钟。讨论：由学生提出问题，在师生之间、学生之间充分讨论释疑。指导：教师根据内容提出更高层次的问题，由学生思考、研究、解决，必要时教师予以点拨，让学生真正成为学习的主人。

学生研讨式：通俗地讲，就是学生讲课。这种方式比较适合学生较熟悉的内容、习题课进行。一方面，学生准备讲课的过程即主动学习的过程，不论是个人查阅资料还是寻求帮助获取信息，都是学生在自主探索、自主学习新知识；另一方面，鉴于上台授课的需要，他们又要运用所获取的新知识，使新的知识在获取的同时又投入到新的应用中。

参考文献

［1］陶华，张爱玲. 高职院校扩招百万背景下高等数学教学改革探索［J］. 科技风，2022，（第 13 期）：118 – 120.

［2］纪张伟. 混合式学习评价在数学建模课程中的实践探索［J］. 邢台职业技术学院学报，2022，（第 1 期）：18 – 22.

［3］傅佳俊. 快乐数学行思路［M］. 南京：河海大学出版社，2021．11.

［4］晋银峰. 学校课程建设与实施［M］. 南京：南京大学出版社，2021．09.

［5］刘乃至. 整体数学教学研究与实践探索［M］. 北京：中国国际广播出版社，2021．07.

［6］温爱周. 高职高等数学教学方法改革探索与实践［J］. 当代教育实践与教学研究（电子刊），2021，（第 3 期）：193 – 194.

［7］赵晔文. 基于翻转课堂教学模式的高职数学实践研究［J］. 数学学习与研究，2021，（第 33 期）：23 – 25.

［8］刘琼琳. 网络环境下高职数学翻转课堂教学模式探索［J］. 山东青年，2021，（第 3 期）：73.

［9］王淑华. 高职院校数学混合式教学模式探索与实践［J］. 科教导刊（电子版），2021，（第 17 期）：206 – 207.

［10］陆东先. 高职线上数学课融入建模思想的探索与实践［J］. 中国新通信，2021，（第 5 期）：189 – 190.

［11］张莉丽. 高职数学分层教学模式的实践探索［J］. 数学大世界（中旬），2021，（第 9 期）：5 – 6.

［12］谷艳萍，陶敬磊，罗世豪. 高职数学教学中翻转课堂模式的导入实践探寻［J］. 中华志愿者，2021，（第 3 期）：191.

［13］李敏. 线上线下双向融合模式在高职数学教学中的实践研究［J］. 课堂内外（教师版）（中等教育），2021，（第 3 期）：148 – 149.

［14］杨薇. 高职院校高等数学教学有效课堂实施策略分析［J］. 轻工科技，2020，（第 3 期）：139 – 140.

［15］李亚卓. 数学教育理论与实践探索研究［M］. 西安：西北工业大学出版社，2020．09.

［16］李俊玲，马皓，邱翔. 数学实践与应用［M］. 上海：上海交通大学出版

社，2020.

　　［17］李强. 数学教育理论与实践探索［M］. 长春：吉林出版集团股份有限公司，2020. 08.

　　［18］张信彩. 数学教育教学实践与探索［M］. 吉林出版集团股份有限公司，2020. 07.

　　［19］熊永昌. 数学生态智慧课堂教学研究与实践［M］. 北京：开明出版社，2020. 07.

　　［20］王煜，王芳. 数学素养的理论与实践［M］. 陕西师范大学出版总社有限公司，2020. 06.

　　［21］倪彬，陶夏芳. 探索数学之美［M］. 杭州：浙江工商大学出版社，2020. 05.

　　［22］范爱琴，吴娟. 高职院校数学教学探索与实践［M］. 吉林出版集团股份有限公司，2019. 11.

　　［23］张世龙. 数学教育理论与实践探索研究［M］. 西安：西北工业大学出版社，2019. 10.

　　［24］刘燕，王雪，李东升. 大学数学教学的实践与探索［M］. 郑州：黄河水利出版社，2019. 07.

　　［25］陈永畅. 数学教育教学实践探索［M］. 长春：吉林大学出版社，2019. 01.